业扩报装

全流程管控

国网浙江省电力有限公司　组编

YEKUO BAOZHUANG

QUANLIUCHENG GUANKONG

中国电力出版社
CHINA ELECTRIC POWER PRESS

内 容 提 要

本书以国网浙江省电力有限公司业扩报装全流程管控平台为基础，介绍了"互联网＋业扩报装服务"的全流程管控工作要点。主要内容包括业扩报装全流程管控业务体系、全流程信息公开与实时管控业务、全流程信息公开与实施管控系统操作规范、全流程第三方监测、全流程管控典型案例。

本书可供从事电力营销相关工作的专业人员和管理人员阅读、使用。

图书在版编目（CIP）数据

业扩报装全流程管控 / 国网浙江省电力有限公司组编. —北京：中国电力出版社，2019.7
ISBN 978-7-5198-3394-7

Ⅰ．①业… Ⅱ．①国… Ⅲ．①用电管理 Ⅳ．①TM92

中国版本图书馆 CIP 数据核字（2019）第 141710 号

出版发行：中国电力出版社
地　　址：北京市东城区北京站西街 19 号（邮政编码 100005）
网　　址：http://www.cepp.sgcc.com.cn
责任编辑：穆智勇（010-63412336）
责任校对：黄　蓓　朱丽芳
装帧设计：张俊霞
责任印制：石　雷

印　　刷：三河市万龙印装有限公司
版　　次：2019 年 8 月第一版
印　　次：2019 年 8 月北京第一次印刷
开　　本：710 毫米×1000 毫米　16 开本
印　　张：9
字　　数：141 千字
印　　数：0001—1500 册
定　　价：36.00 元

前 言

随着电力体制改革的持续推进，经济发展形势和售电市场格局变化给国家电网有限公司营销服务带来了新挑战。公司上下迫切需要解放思想，开放思维，及时掌握潜在市场的发展动态，快速响应客户办电需求，提高内部协同服务效率，通过探索创新业扩报装服务新机制打造一条前端触角敏锐、后端高效协同的全流程全周期服务链条，全面提升客户服务能力，抢占新增配售电市场，提升客户办电体验。

经过近年来的不懈努力，公司的业扩报装效率虽有大幅提升，但仍存在三方面问题：一是专业协同不够紧密，数据封闭流转无法共享。业扩报装查勘、配套电网建设、停（送）电安排等涉及多个部门配合的工作联系还是以线下为主，部门协同效率与质量缺乏可量化、可追溯的载体和标准。二是过程管控不够精益，工作过程缺乏监督预警。业扩报装配套电网建设、受限电网设备改造等，包括资金落实、工程设计、物资供应及施工等工作环节，涉及发展、运检、物资、经研所等部门（单位），工作职责和时限细分不够，管控的针对性不强。三是办电信息不够透明，业扩报装体外循环难以根治。业扩报装涉及的专业工作在各自专业系统中封闭流转，相互间缺乏信息共享。客户获取办电进程信息的渠道过于单一，且获取的信息过于简单，客户办电服务的感知较差。

为解决上述问题，2015 年国网浙江省电力公司以业扩报装专业协同管控为切入点，通过流程融合、系统集成，试点建设了业扩报装全流程管控平台，实现了协同专业间的信息共享、时限预警管控。同时开展了"互联网+业扩报装服务"试点建设，依托服务快响平台和业扩报装全流程管控平台开展服务需求快速响应，服务资源集中调度，服务过程集中管控，以"数据挖掘"技术支撑业扩报装服务策划、专业协同管理辅助决策，促进电网企业从被动粗放向主动创新型服务机制转变，全面提升客户办电体验。在国网系统内首次建成面向客户的、办电全程公开透明的互动服务模式，创新构建"开放友好、互联互动"的业扩报装智能服务体系，以技术创新、管理革新提升企业核心竞争力，为未来的售电市场竞争赢得先机。

　　本书以国网浙江省电力有限公司业扩报装全流程管控平台为基础，介绍了"互联网+业扩报装服务"的全流程管控工作要点。主要内容包括业扩报装全流程管控业务体系、全流程信息公开与实时管控业务、全流程信息公开与实时管控系统操作规范、全流程第三方监测、全流程管控典型案例。本书由国网衢州供电公司、国网浙江省电力有限公司培训中心等单位主要编写，过程中得到中国电力出版社的大力支持，在此表示感谢。

　　由于编写时间仓促，书中难免存在疏漏之处，恳请各位专家和读者提出宝贵意见，使之不断完善。

编　者

2019 年 7 月

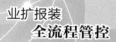

目 录

第一章 概 述

本章主要介绍业扩报装全流程管控的建设思路、管控内容和监控措施，重点介绍管控部门、管控环节、监管机制及管控的范围、内容和措施。

第一节　业扩报装全流程管控建设思路

根据《进一步精简业扩报装手续、提高办电效率的工作意见》（国家电网营销〔2015〕70号），国家电网公司制定了"全流程机内流转、全环节时限监控、全业务数据量化"的建设思路。全流程机内流转是指梳理细化业扩报装全流程，在各专业管理流程中找到未在营销业务应用系统内流转的隐藏分支，实现环节间无缝对接；全环节时限监控是指以营销系统痕迹为流程监控数据基础，以各专业系统为信息查证辅助支撑，根据各专业职责划分，重新设置各环节合理时长并确定监控阀值，通过数据规范提取，实现全流程时限监控并及时预警；全业务数据量化是指设计业扩报装专业协同全流程监控指标，通过数据统计及指标分析，按期发布监测分析报告，用数据反映业扩报装全流程异动，发现管理短板，促进管理提升。

业扩报装全流程管控以业扩报装全流程信息公开与实时管控平台为抓手，以业扩报装负面清单管控为支撑，通过流程融合、信息共享、系统集成应用，实现业扩报装负面清单实时管控、业扩报装跨专业协同环环相扣无缝对接、环节运作全过程实时预警和评价、业扩报装信息公开透明。运用"互联网+业扩报装服务"理念，实现与客户信息双向互动，从而提升业扩报装服务水平，提高客户满意度，打造电力企业的核心竞争力。

业扩报装全流程信息公开与实时管控平台（简称业扩报装全流程平台）秉

持"全流程机内流转、全环节时限监控、全业务数据量化"的建设思路，实现了项目储备环节、业务办理环节、供电方案编制环节、工程建设环节、验收送电环节的业扩报装全流程管控，实现了负面清单认定和发布、负面清单改造和销号、负面清单全流程评价督办的闭环管控，实现了"互联网＋业扩报装服务"业务模式、信息互动、信息内外公开监督的信息公开管控机制。

第二节　业扩报装全流程管控内容

业扩报装全流程管控的核心内容是管控部门、管控环节、管控机制。确定业扩报装全流程中相关部门、各部门管控环节及相应的管控机制是建设业扩报装全流程管控的基础。

一、业扩报装全流程管控部门

业扩报装全流程管控由营销部（客户服务中心）、供电服务指挥平台、运营监测（控）中心、运维检修部、电力调度控制中心、发展策划部、物资供应中心、集体企业等专业部门（基层单位）协同完成，如图1-1所示。

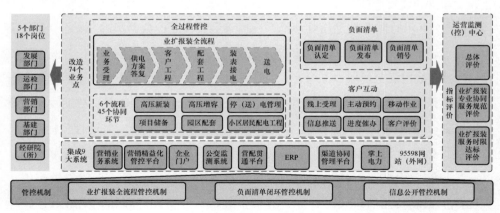

图1-1　业扩报装全流程管控图

二、业扩报装全流程管控环节

如图1-1所示，业扩报装全流程管控包括全过程管控、负面清单、客户互动和指标评价四个环节。

（1）全过程管控：由营销部（客户服务中心）、运维检修部、电力调度控制中心、发展策划部、物资供应中心、集体企业等专业部门（基层单位）协同完成。

（2）负面清单：由营销部（客户服务中心）、运维检修部、物资供应中心、电力调度控制中心协同完成。

（3）客户互动：由营销部（客户服务中心）负责完成。

（4）指标评价：由运营监测（控）中心负责完成。

三、业扩报装全流程管控机制

业扩报装全流程管控机制包括业扩报装全过程管控机制、负面清单闭环管控机制、信息公开管控机制。

（1）业扩报装全过程管控机制是指根据国家电网公司总体时限要求分解协同业务的办理时限标准，落实部门责任，按高压业扩报装全流程建设时序，每个业务环节按部门设置预警指标，实现预警信息实时推送。各专业部门实时监控、催办相应单位、班组的工作进度，构建业扩报装关键评价指标体系，实现指标自动采集、自动生成，支撑运营监控中心每月发布业扩报装全流程管控专题监测报告，对业扩报装工作进行全面评价。

（2）负面清单闭环管控机制是指建立电网设备受限清单管理机制，实现系统自动计算主变压器（简称主变）、配网线路、公用配电变压器（简称公用配变）负载情况；依据设备受限等级标准，确定设备受限数量，定期发布业扩报装接入电网受限清单、可用间隔等电网资源信息；在营销系统中通过集成电网设备信息，为客户经理制定供电方案提供参考；对所选线路或公用配变属于受限清单的，跟踪整改完成进度。

（3）信息公开管控机制是指实现高低压全业务线上办电，信息主动提醒和满意度评价，实时监测统计客户办电全程的互动信息，掌握电子化渠道应用及服务调控工作开展情况，包括客户通过线上、线下渠道申请办电的比例，通过掌上电力 APP、95598 网站开展进程查询的次数，信息主动推送方式和户次，客户满意率等，对于有过催办和不满意记录的业扩报装流程，实时获取明细清单，开展穿透分析。

第三节　业扩报装全流程监控措施

为了确保业扩报装全流程管控落地，国网浙江省电力有限公司（简称浙江公司）出台了《国网浙江省电力公司关于印发业扩报装专业协同工作质量全流程评价方案的通知》（浙电营 2016【573】号）。文件明确规定了各部门的职责分工，各环节的监控内容、监控方式以及评价考核。

一、各部门职责分工

1. 营销部（客户服务中心）职责分工

负责牵头制定业扩报装协同工作质量全流程评价方案；负责明确供电方案拟订、设计文件审查、中间检查、竣工检验、装表接电、专业部门协同等业务办理环节的数据来源和考核标准；负责开展专业范围内异常数据穿透分析，落实整改措施；负责会同运营监测（控）中心提出考核意见，报人力资源部纳入绩效考核。

2. 运营监测（控）中心职责分工

负责制定业扩报装专业协同工作质量全过程监控实施方案，并牵头组织各部门确定指标考核标准；负责开展供电方案确定、电网受限负面清单发布及整改、停（送）电计划编制、电网配套工程建设、业务办理流程时限等五方面监控；负责开展日常监控工作，对业扩报装专业协同运行中的主要指标进行统计预警，定期发布监测报告；负责会同营销部（客户服务中心）（农电工作部）提出考核意见，报人力资源部纳入绩效考核。

3. 运维检修部职责分工

负责明确供电网受限负面清单发布及整改、10（20）kV 及以下停（送）电计划编制、10（20）kV 及以下电网配套工程建设等协同环节的数据来源和考核标准；负责开展专业范围内异常数据穿透分析，落实整改措施。

4. 电力调度控制中心职责分工

负责会同运维检修部明确 10（20）kV 及以下电网配套工程建设等协同环节

的数据来源和考核标准。

5. 发展策划部职责分工

负责明确 110kV 业扩报装流程供电方案（含接入系统方案）拟订、评审环节的考核标准；负责开展专业范围内异常数据穿透分析，落实整改措施。

6. 人力资源部职责分工

负责将业扩报装专业协同考核意见纳入公司绩效考核。

7. 科技信通部职责分工

负责运营监控平台及各业务系统相关功能改造和日常运行维护。

二、监控内容

业扩报装全流程管控工作评价内容主要包括供电方案确定、10（20）kV 及以下电网受限负面清单发布及整改、10（20）kV 及以下停（送）电计划编制、10（20）kV 及以下电网配套工程建设、业务办理流程时限等。

三、监控方式

运营监测（控）中心定期抽取各业务系统数据，进行数据汇总分析，统一在运营监控平台中展示。根据设定的指标监控阀值开展监测，对异常数据发送异动联系单至相关业务部门，责任部门及时进行穿透分析并反馈，形成业扩报装工作质量跟踪闭环机制。运营监测（控）中心每月根据监测情况编制并发布监测与评价报告。

四、评价考核

省公司运营监测（控）中心根据业扩报装协同考核标准，开展监控指标月度统计分析，公布各地市公司指标完成情况，并提交月度司务会通报。运营监测（控）中心会同营销部（农电工作部）提出考核意见，并提人力资源部纳入公司年度绩效考核。

地市公司运营监测（控）中心根据业扩报装协同考核标准，开展监控指标月度统计分析，公布各部门指标完成情况，并提交月度生产协调会通报。运营监测（控）中心会同营销部（客户服务中心）提出考核意见，并提人力资源部纳入公司年度绩效考核。

思 考 题

1. 业扩报装全流程管控内容是否与实际业务契合？请谈谈您的理解。
2. 除本章所述内容外，业扩报装全流程监控还能有哪些措施？

第二章 业扩报装全流程管控业务体系

本章通过业务流程图及各环节分解表介绍业扩报装全流程管控的原则与业扩报装管控建设原则、业务规则与标准化设计及关键技术应用。

第一节 业扩报装全流程管控原则与建设原则

一、业扩报装管控原则

1. 以市场为导向

随着售电市场改革的逐步深入，售电侧竞争压力逐渐显现，供电公司必须转变观念，树立大市场理念，密切关注市场和环境变化，全力抢占新增配售电市场，提高市场占有率。

2. 以客户为中心

根据客户痛点和服务难点，以客户业务办理场景为主线，以提升内部业务人员工作效率为抓手，实现向客户体验为导向的"互联网+业扩报装服务"模式转型。

3. 以技术为驱动

引入移动互联网、大数据等新型技术，借鉴互联网连接、互动、协同思维，加强客户互联互动，推动管理制度的有效落地和业扩报装工作机制创新。

4. 以绩效为核心

以绩效为核心，推进制度建设，严格把控业扩报装时限与工作质量，建立快速响应机制，促进业扩报装提质增效。

二、业扩报装管控建设原则

1. 统一性原则

根据国家电网公司营销业务应用标准化设计最新内容和技术标准，严格遵循统一设计、统一开发、统一推广、统一维护，构建营销业务全流程信息公开与实时管控应用。

2. 实用性原则

基于信息技术通用开放性标准，采用先进的技术和产品，兼顾技术的成熟度，选择符合发展趋势主流的技术架构以及软硬件平台进行营销业务应用的开发，满足省市公司业扩报装全流程管控与实时管控的业务需求，同时还具备高可维护性，便于功能的加载、扩展、更新和修改。

3. 可扩展性原则

支持多种硬件平台，具备良好的扩展性和可移植性；具备业务处理的灵活配置功能，能随着业务功能的变化灵活重组与调整；提供标准的开放接口，便于系统的二次开发和与其他系统进行数据与信息的交互。

4. 安全可靠性原则

业扩报装全流程信息公开与实时管控应具备高安全可靠性，并通过采用多种安全技术手段保障系统安全稳定运行，满足国家电网公司对网络和信息系统安全运行的要求。

第二节 业 务 规 则

本节主要介绍用电项目信息收集、高压新装、增容、小区新装、装表临时用电、送停电计划、项目包管理、负面清单、系统交互等的业务规则。

一、用电项目信息收集

（一）业务规则

用电项目信息收集业务规则如图 2-1 所示，其中：

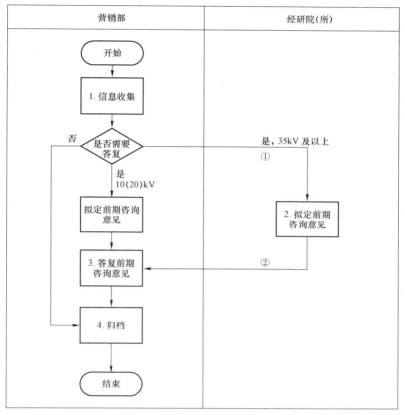

图 2-1 用电项目信息收集业务规则图

①、②—环节编号，含义见表 2-1

（1）营销部在完成用电项目信息收集后，对于 10（20）kV 项目，由营销部拟定前期咨询意见；对于 35kV 及以上项目，发送至经研院（所）拟定前期咨询意见。

（2）经研院（所）根据业扩报装用电项目信息收集申请信息，完成项目前期咨询意见拟定。

（3）营销部根据前期咨询意见，向客户答复用电项目前期咨询意见书。

（二）流程设计

用电项目信息收集流程设计见表 2-1。

表 2-1 用电项目信息收集流程设计表

编号	环节	交互部门		交互系统		频率	交互内容	交互时机
		提供方	接收方	提供方	接收方			
①	信息收集→拟定前期咨询意见	营销部	经研院（所）	营销系统	企业门户	实时	『添加待办工单』	营销部在完成用电项目信息收集后，对于35kV及以上办电申请，通知经研院（所）开展拟定前期咨询意见
②	拟定前期咨询意见→答复前期咨询意见	经研院（所）	营销部	企业门户	营销系统	实时	『完成待办工单』	经研院（所）完成前期咨询意见的拟定，将信息发送至营销部

二、高压新装、增容

本业务适用于客户受电电压等级为 10（20）kV 及以上客户的新装用电。供电企业依据《供电营业规则》有关用电报装的条款规定、国家电网公司统一发布的服务承诺及服务规范，在规定的时限内，为用电设备容量在 100kW 及以上或变压器容量在 50kVA 以上（特殊情况下，容量范围可适当放宽）客户的用电新装申请，组织现场勘查，制定 10（20）kV 及以上电压等级供电方案，向客户收取有关营业费用，跟踪供电工程的立项、设计、图纸审查、工程预算、设备供应、施工过程，组织受电工程的图纸审查、中间检查、竣工验收，与客户签订供用电合同，并给予装表送电，完成归档立户全过程管理。

（一）高压新装流程图

高压新装流程如图 2-2 所示，本业务适用于客户受电电压等级为 10（20）kV 及以上客户的新装用电。供电企业依据《供电营业规则》有关用电报装的规定以及国家电网公司统一发布的服务承诺及服务规范，在规定的时限内，为用电设备容量在 100kW 及以上或变压器容量在 50kVA 以上（特殊情况下，容量范围可适当放宽）客户的用电新装申请，组织现场勘查，制定 10（20）kV 及以上电压等级供电方案，向客户收取有关营业费用，跟踪供电工程的立项、设计、图纸审查、工程预算、设备供应、施工过程，组织受电工程的图纸审查、中间检查、竣工验收，与客户签订供用电合同，并给予装表送电，完成归档立户全过程管理。

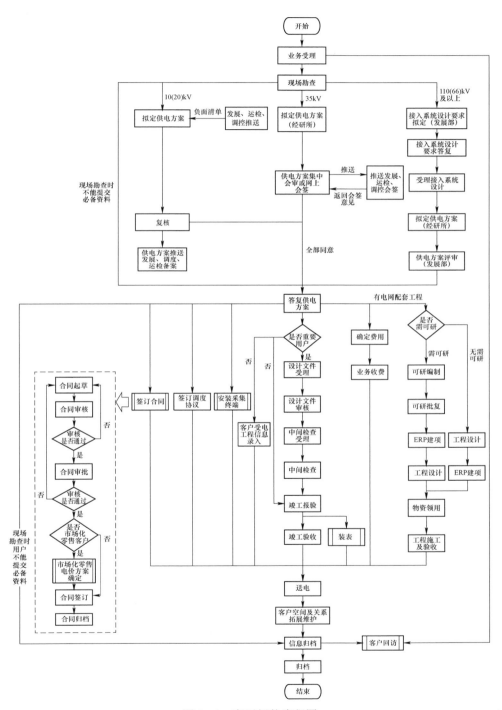

图 2-2　高压新装流程图

（二）10（20）kV 高压新装、增容

1. 供电方案编制

（1）业务规则。10（20）kV 供电方案编制业务规则如图 2-3 所示，其中：

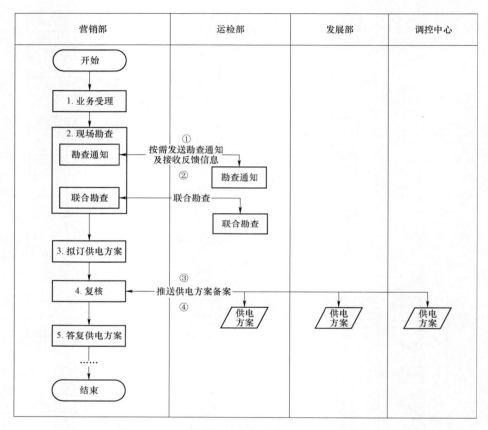

图 2-3　10（20）kV 供电方案编制业务规则图
①～④—环节编号，含义见表 2-2

1）营销部接收并审查客户资料，接受客户 10（20）kV 办电的报装申请。

2）需运检部联合勘查时，营销部向运检部发起联合勘查通知信息，并接收协同部门反馈信息，开展联合现场勘查工作。

3）营销部根据联合现场勘查结果，确定供电方案。

4）营销部完成供电方案的复核，并向运检部、发展部、调控中心发送供电方案信息进行备案。

5）营销部将确认后的供电方案，书面答复客户。

（2）流程设计。10（20）kV供电方案编制流程设计见表2-2。

表2-2　　　　　　　　10（20）kV供电方案编制流程设计表

编号	环节	交互部门		交互系统		频率	交互内容	交互时机
		提供方	接收方	提供方	接收方			
①	现场勘查	营销部	运检部	营销系统	企业门户	实时	『添加待办工单』	需协调相关部门一起勘查时，营销部发送联合勘查通知给运检部，通知运检部联合开展现场勘查工作
②	现场勘查	运检部	营销部	企业门户	营销系统	实时	『完成待办工单』	运检部接收到联合勘查通知后，将勘查通知结果反馈信息发送至营销部
③	复核	营销部	运检部、发展部、调控中心	营销系统	企业门户	实时	『添加待办工单』	营销部完成供电方案复核后，将供电方案发送至运检部、发展部、调控中心备案
④	复核	运检部、发展部、调控中心	营销部	企业门户	营销系统	实时	『完成待办工单』	运检部、发展部、调控中心备案完成后反馈备案完成消息给营销部

2．设计施工及竣工验收（客户内部工程）

（1）业务规则。设计施工及竣工验收（客户内部工程）业务规则如图2-4所示，其中：

1）营销部根据审批确认后的供电方案，书面答复客户。

2）营销部根据国家相关设计标准，受理重要或有特殊负荷客户受电工程设计图纸及其他设计资料。

3）需运检部、调控中心联合审图时，营销部向运检部、调控中心发送联合审图通知，并接收协同部门的反馈信息，协同部门根据国家相关设计标准，审查客户受电工程设计图纸及其他设计资料，在规定时限内答复审核意见。

4）供电企业受理客户受电工程中间检查申请，接收并审查受电工程客户资料。

5）重要或有特殊负荷客户受电工程在隐蔽工程覆盖前，需运检部联合中间检查时，营销部通知运检部门根据审核同意的设计和有关施工标准，对客户受电工程中的隐蔽工程进行中间检查。

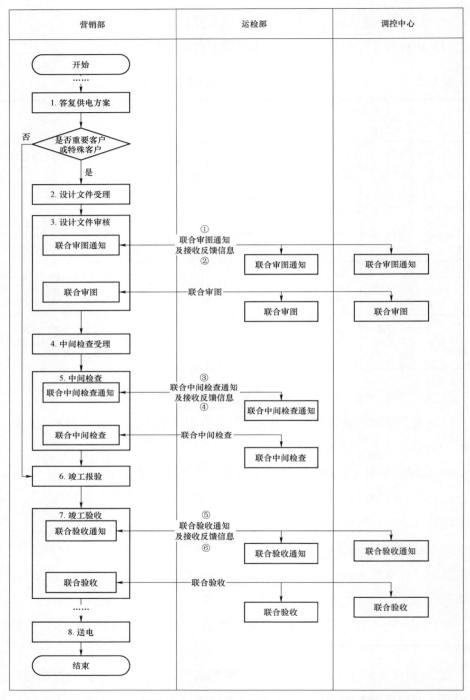

图 2-4　设计施工及竣工验收（客户内部工程）业务规则图

①～⑥环节编号，含义见表 2-3

6）接收客户的竣工验收要求，审核相关报送材料是否齐全有效，需运检部、调控中心联合验收时，营销部通知运检部门、调控中心准备客户受电工程的竣工验收工作。

7）营销部按照国家和电力行业颁发的设计规程、运行规程、验收规范和各种防范措施等要求，根据客户提供的竣工报告和资料，根据需要组织运检部、调控中心对受电工程的工程质量进行全面检查、验收。

8）装表工作完成后，营销部组织送电工作。

（2）流程设计。设计施工及竣工验收（客户内部工程）流程设计见表2-3。

表2-3　　　　设计施工及竣工验收（客户内部工程）流程设计表

编号	环节	交互部门		交互系统		频率	交互内容	交互时机
		提供方	接收方	提供方	接收方			
①	设计文件审核	营销部	运检部、调控中心	营销系统	企业门户	实时	『添加待办工单』	需要协调相关部门一起进行设计文件审核时，营销部发送设计文件审核通知给运检部、调控中心，通知联合开展相关工作
②	设计文件审核	运检部、调控中心	营销部	企业门户	营销系统	实时	『完成待办工单』	运检部、调控中心接收到联合审图通知后，将结果反馈信息发送至营销部
③	中间检查	营销部	运检部	营销系统	企业门户	实时	『添加待办工单』	需要协调相关部门一起进行中间检查时，营销部发送中间检查通知给运检部
④	中间检查	运检部	营销部	企业门户	营销系统	实时	『完成待办工单』	运检部接收到中间检查通知后，将结果反馈信息发送至营销部
⑤	竣工验收	营销部	运检部、调控中心	营销系统	企业门户	实时	『添加待办工单』	营销部发送竣工验收通知给运检部、调控中心，通知联合开展相关工作
⑥	竣工验收	运检部、调控中心	营销部	企业门户	营销系统	实时	『完成待办工单』	运检部、调控中心接收到竣工验收通知后，将结果反馈信息发送至营销部

3. 设计施工及竣工验收（电网配套工程）

（1）业务规则。设计施工及竣工验收（电网配套工程）业务规则如图2-5所示，其中：

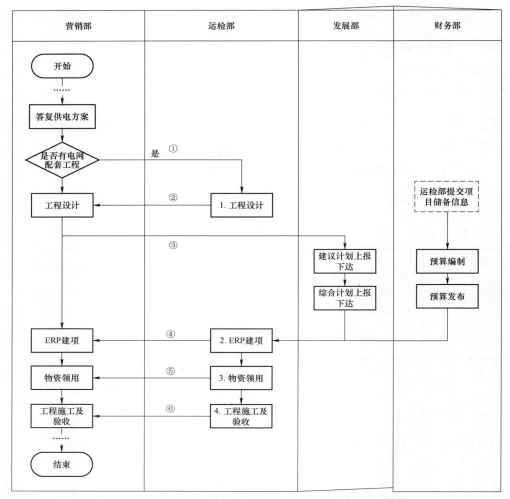

图 2-5 设计施工及竣工验收（电网配套工程）业务规则图

①~⑥—环节编号，含义见表 2-4；虚线框表示重构流程后新增加的环节。

1）营销部将 10（20）kV 项目的供电方案信息发送至运检部，通知其开展工程设计工作。

2）发展部、财务部完成项目计划、预算的发布后，运检部开展 ERP 建项工作。

3）运检部开展物资领用工作。

4）运检部开展工程施工及验收工作。

（2）流程设计。设计施工及竣工验收（电网配套工程）流程设计见表 2-4。

表 2-4　　　　　设计施工及竣工验收（电网配套工程）流程设计表

编号	环节	交互部门		交互系统		频率	交互内容	交互时机
		提供方	接收方	提供方	接收方			
①	答复供电方案→工程设计	营销部	运检部	营销系统	企业门户	实时	『添加待办工单』	营销部答复供电方案完成后，将 10（20）kV 项目发送至运检部通知开展工程设计工作
②	工程设计→ERP 建项	运检部	营销部	企业门户	营销系统	实时	『完成待办工单』	运检部工程设计完成后，将 10（20）kV 工程设计进度信息发送至营销部
③	工程设计→ERP 建项	营销部	运检部	营销系统	规划计划平台	实时	『高压客户申请信息』『供电方案信息』	营销部将高压客户申请信息及供电方案信息发送至运检部
④	ERP 建项→物资领用	运检部	营销部	ERP 系统	营销系统	实时	『项目信息』	运检部完成后，ERP 建项将项目进度信息发送至营销部
⑤	物资领用→工程施工及验收	运检部	营销部	ERP 系统	营销系统	实时	『物资领用信息』	运检部物资领用完成后，将物资领用进度信息发送至营销部
⑥	工程施工及验收→送电	运检部	营销部	企业门户	营销系统	实时	『添加待办工单』『完成待办工单』	运检部在工程施工及验收完成后，填写安装施工信息发送至营销部

（三）35kV 高压新装、增容

1．供电方案编制

（1）业务规则。35kV 供电方案编制业务规则如图 2-6 所示，其中：

1）营销部接收并审查客户资料，接受客户的报装申请。

2）营销部现场勘查时向经研院（所）、发展部、运检部发起联合勘查通知信息，并接收协同部门反馈信息，开展联合现场勘查工作。

3）经研院（所）编制供电方案，完成后发送至营销部。

4）营销部发出会审、会签通知信息，组织相关协同部门进行网上会签或集中会审。

5）营销部将确认后的供电方案，书面答复客户。

（2）流程设计。35kV 供电方案编制流程设计见表 2-5。

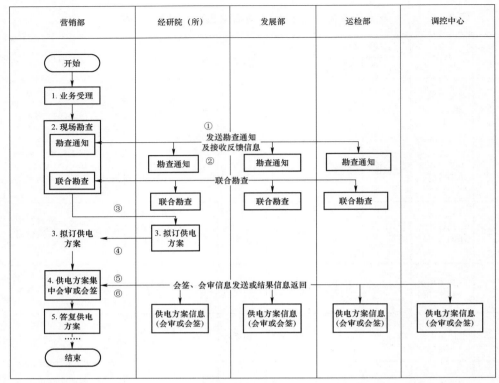

图2-6　35kV供电方案编制业务规则图

①~⑥—环节编号，含义见表2-5

表2-5　　　　　　　　　　**35kV供电方案编制流程设计表**

编号	环节	交互部门		交互系统		频率	交互内容	交互时机
		提供方	接收方	提供方	接收方			
①	现场勘查	营销部	发展部、运检部、经研院（所）	营销系统	企业门户	实时	『添加待办工单』	协调相关部门一起勘查时，营销部门向协同部门发送联合勘查通知
②	现场勘查	发展部、运检部、经研院（所）	营销部	企业门户	营销系统	实时	『完成待办工单』	协同部门接收到联合勘查的通知后，将勘查通知反馈信息发送至营销部
③	现场勘查→拟订供电方案	营销部	经研院（所）	营销系统	企业门户	实时	『添加待办工单』	现场勘查完成后，营销部将高压新装客户申请及勘查信息发送给经研院（所），通知开展供电方案的拟订工作
④	拟订供电方案	经研院（所）	营销部	企业门户	营销系统	实时	『完成待办工单』	经研院（所）完成供用电方案编制后，将结果发送至营销部

续表

编号	环节	交互部门		交互系统		频率	交互内容	交互时机
		提供方	接收方	提供方	接收方			
⑤	供电方案集中会审或会签	营销部	发展部、运检部、经研院（所）、调控中心	营销系统	企业门户	实时	『添加待办工单』	营销部组织协同部门进行供电方案集中会审或会签，开展供电方案审核工作
⑥	供电方案集中会审或会签	发展部、运检部、经研院（所）、调控中心	营销部	企业门户→	营销系统	实时	『完成待办工单』	供电方案集中会审或会签完成后，协同部门反馈会签信息

2. 设计施工及竣工验收（客户内部工程）

（1）业务规则。35kV 设计施工及竣工验收（客户内部工程）业务规则如图 2-7 所示，其中：

1）营销部根据审批确认后的供电方案，书面答复客户。

2）营销部根据国家相关设计标准，受理重要或有特殊负荷客户受电工程设计图纸及其他设计资料。

3）营销部向运检部、调控中心发送联合审图通知，营销部接收上述协同部门联合审图通知反馈新信息，协同部门根据国家相关设计标准，审查客户受电工程设计图纸及其他设计资料，并在规定时限内答复审核意见。

4）供电企业受理客户受电工程中间检查申请，接收并审查受电工程客户资料。

5）重要或有特殊负荷客户受电工程在施工期间，营销部门根据审核同意的设计和有关施工标准，对客户受电工程中的隐蔽工程进行中间检查。

6）营销部接收客户的竣工验收要求，审核相关报送材料是否齐全有效，营销部通知运检部、调控中心准备客户受电工程的竣工验收工作。

7）营销部按照国家和电力行业颁发的设计规程、运行规程、验收规范和各种防范措施等要求，根据客户提供的竣工报告和资料，组织运检部、调控中心对受电工程的工程质量进行全面检查、验收。

8）装表工作完成后，营销部组织送电。

（2）流程设计。35kV 设计施工及竣工验收（客户内部工程）流程设计见表 2-6。

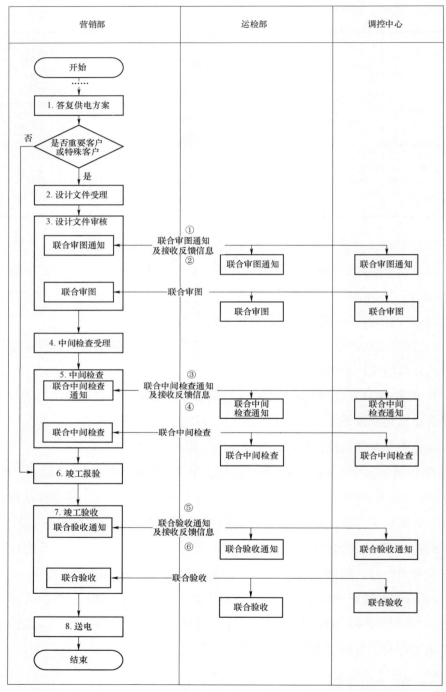

图 2-7   35kV 设计施工及竣工验收（客户内部工程）业务规则图

①~⑥—环节编号，含义见表 2-6

表 2-6　　　　35kV 设计施工及竣工验收（客户内部工程）流程设计图

编号	环节	交互部门		交互系统		频率	交互内容	交互时机
		提供方	接收方	提供方	接收方			
①	设计文件审核	营销部	运检部、调控中心	营销系统	企业门户	实时	『添加待办工单』	需协调相关部门一起进行设计文件审核时，营销部发送联合审图通知至协同部门
②	设计文件审核	运检部、调控中心	营销部	企业门户	营销系统	实时	『完成待办工单』	协同部门接收到联合审图通知后，将联合审图通知结果反馈信息发送至营销部
③	中间检查	营销部	运检部、调控中心	营销系统	企业门户	实时	『添加待办工单』	需协调相关部门一起进中间检查时，营销部发送联合中间检查通知至协同部门
④	中间检查	运检部、调控中心	营销部	企业门户	营销系统	实时	『完成待办工单』	协同部门接收到联合中间检查通知后，将结果发送至营销部
⑤	竣工验收	营销部	运检部、调控中心	营销系统	企业门户	实时	『添加待办工单』	营销部在竣工验收时发送联合验收通知至协同部门
⑥	竣工验收	运检部、调控中心	营销部	企业门户	营销系统	实时	『完成待办工单』	协同部门接收到联合竣工验收通知后，将结果发送至营销部

3. 设计施工及竣工验收（电网配套工程）

（1）业务规则。35kV 设计施工及竣工验收（电网配套工程）业务规则如图 2-8 所示，其中：

1）需可研编制时，营销部将高压客户申请信息及供电方案信息发送至经研院（所）或运检部，可研编制完成后，经研院（所）或运检部将可研编制结果发送至营销部。

2）运检部、发展部根据发送的可研编制结果信息，分别开展可研批复工作，完成后将可研批复信息发送至营销部。

3）发展部、财务部完成项目计划、预算的发布后，发展部开展 ERP 建项工作，将项目建项信息发送至营销部。

4）建设部或运检部完成工程设计后，将工程设计信息发送至营销部。

5）建设部或运检部完成物资领用工作后，将物资领用信息发送至营销部。

6）建设部或运检部完成工程施工及验收后，将安装施工信息发送至营销部。

（2）流程设计。35kV 设计施工及竣工验收（电网配套工程）流程设计见表 2-7。

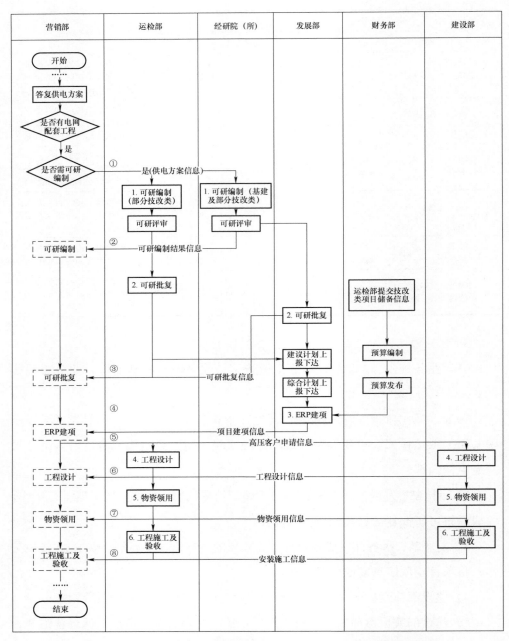

图 2-8　35kV 设计施工及竣工验收（电网配套工程）业务规则图

①～⑧—环节编号，含义见表 2-7

表 2-7　　35kV 设计施工及竣工验收（电网配套工程）流程设计表

编号	环节	交互部门		交互系统		频率	交互内容	交互时机
		提供方	接收方	提供方	接收方			
①	答复供电方案→可研编制	营销部	经研院（所）、运检部	营销系统	规划设计平台、PMS2.0	实时	『高压新装客户申请信息』『供电方案信息』	答复供电方案完成后，营销部将高压新装客户申请信息、供电方案信息发送至经研院（所）、运检部
②	可研编制→可研批复	经研院（所）、运检部	营销部	规划设计平台、PMS2.0	营销系统	实时	『接入可研信息』	可研评审完成后，经研院（所）、运检部将接入可研信息同时发送至营销部
③	可研批复→ERP建项	发展部、运检部	营销部	规划计划平台、PMS2.0	营销系统	实时	『可研批复信息』	可研批复完成后，运检部、发展部将可研批复信息发送至营销部
④	ERP建项→工程设计	发展部	营销部	ERP系统	营销系统	实时	『项目建项信息』	发展部ERP建项完成后，将项目信息发送至营销部
⑤	ERP建项→工程设计	营销部	建设部、运检部	营销系统	企业门户	实时	『添加待办工单』	营销部将高压客户申请信息发送至建设部或运检部，通知开展工程设计工作
⑥	工程设计→物资领用	建设部、运检部	营销部	企业门户	营销系统	实时	『完成待办工单』	建设部或运检部完成工程设计后，将工程设计信息发送至营销部
⑦	物资领用→工程施工及验收	建设部、运检部	营销部	ERP系统	营销系统	实时	『物资领用信息』	建设部或运检部完成物资领用后，将物资领用信息发送至营销部
⑧	工程施工及验收→送电	建设部、运检部	营销部	基建管理系统、企业门户	营销系统	实时	『安装施工信息』	建设部或运检部完成工程施工及验收后，将安装施工信息发送至营销部

（四）110（66）kV 及以上高压新装、增容

1. 供电方案编制

（1）业务规则。110（66）kV 及以上高压新装、增容供电方案编制业务规则如图 2-9 所示，其中：

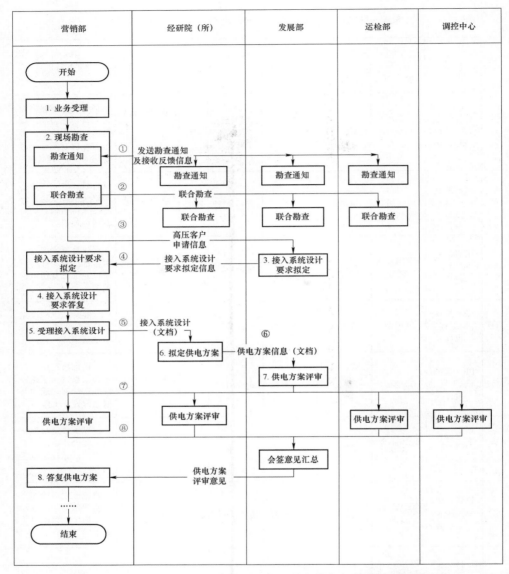

图 2-9 110（66）kV 及以上高压新装、增容供电方案编制业务规则图
①~⑧—环节编号，含义见表 2-8

1）营销部接收并审查客户资料，接受客户的报装申请。

2）现场勘查时，营销部向经研院（所）、发展部、运检部发起联合勘查通知，经研院（所）、发展部、运检部接收并反馈勘查通知结果信息，协同开展联合现场勘查工作。

3）现场勘查完毕后，营销部将高压客户申请信息及勘查信息同步至发展部，要求其进行接入系统设计要求拟定工作，发展部完成接入系统设计要求拟定之后，将接入系统意见拟定信息返回给营销部。

4）营销部根据接入系统意见拟定信息，完成接入系统设计要求答复工作。

5）营销部受理接入系统设计之后，将接入系统设计（文档）同步给经研院（所），要求其完成供电方案拟订工作。

6）经研院（所）完成拟订供电方案后，将供电方案信息同步给发展部。

7）发展部组织营销部、经研院（所）、运检部、调控中心一起进行供电方案评审工作，并形成最终的供电方案评审意见。

8）营销部门根据评审确认后的供电方案，书面答复客户。

（2）流程设计。110（66）kV 及以上高压新装、增容供电方案编制流程设计见表2-8。

表2-8　110（66）kV 及以上高压新装、增容供电方案编制流程设计表

编号	环节	交互部门		交互系统		频率	交互内容	交互时机
		提供方	接收方	提供方	接收方			
①	现场勘查	营销部	发展部、运检部、经研院（所）	营销系统	企业门户	实时	『添加待办工单』	需协调相关部门一起勘查时，营销部向协同部门发送联合勘查通知信息
②	现场勘查	发展部、运检部、经研院（所）	营销部	企业门户	营销系统	实时	『完成待办工单』	协同部门收到协同勘查的通知信息后，将联合勘查通知反馈信息发送至营销部
③	现场勘查→接入系统设计要求拟定	营销部	发展部	营销系统	企业门户	实时	『添加待办工单』	完成现场勘查后，营销部将高压新装客户申请信息推送发展部，要求其开展接入系统设计要求拟定工作
④	接入系统设计要求拟定	发展部	营销部	企业门户	营销系统	实时	『完成待办工单』	发展部拟定接入系统意见完成后，将接入系统意见拟定信息发送至营销部
⑤	受理接入系统设计	营销部	经研院（所）	营销系统	企业门户	实时	『添加待办工单』	营销部完成受理接入系统设计后，将接入系统设计（文档）发送至经研院（所），要求其进行拟订供电方案工作
⑥	拟订供电方案	经研院（所）	营销部	企业门户	营销系统	实时	『完成待办工单』	经研院（所）将供用电方案推送至发展部门

续表

编号	环节	交互部门		交互系统		频率	交互内容	交互时机
		提供方	接收方	提供方	接收方			
⑦	供电方案评审	发展部	营销部、运检部、调控中心、经研院（所）	营销系统	企业门户	实时	『添加待办工单』	发展部将供电方案信息发送至协同部门，组织开展供电方案评审工作
⑧	供电方案评审	营销部、运检部、调控中心、经研院（所）	发展部	企业门户	营销系统	实时	『完成待办工单』	营销部、运检部、调控中心、经研院（所）反馈评审信息至发展部

2. 设计施工及竣工验收（客户内部工程）

（1）业务规则。110（66）kV 及以上高压新装、增容设计施工及验收（客户内部工程）业务规则如图 2-10 所示，其中，

1）营销部根据审批确认后的供电方案，书面答复客户。

2）营销部根据国家相关设计标准，受理重要或有特殊负荷客户受电工程设计图纸及其他设计资料。

3）营销部向运检部、调控中心发送联合审图通知，营销部接收上述协同部门审图通知结果信息，协同部门根据国家相关设计标准，审查客户受电工程设计图纸及其他设计资料，在规定时限内答复审核意见。

4）营销部受理客户受电工程中间检查申请，接收并审查受电工程客户资料。

5）重要或有特殊负荷客户受电工程在施工期间，营销部门根据审核同意的设计和有关施工标准，通知运检部、调控中心对客户受电工程中的隐蔽工程开展联合中间检查工作。

6）接收客户的竣工验收要求，审核相关报送材料是否齐全有效，营销部准备客户受电工程的竣工验收工作。

7）营销部按照国家和电力行业颁发的设计规程、运行规程、验收规范和各种防范措施等要求，根据客户提供的竣工报告和资料，组织运检部、调控中心对受电工程的工程质量进行全面检查、验收。

8）装表工作完成后，营销部组织送电。

（2）流程设计。110（66）kV 及以上高压新装、增容设计施工及竣工验收（客户内部工程）流程设计见表 2-9。

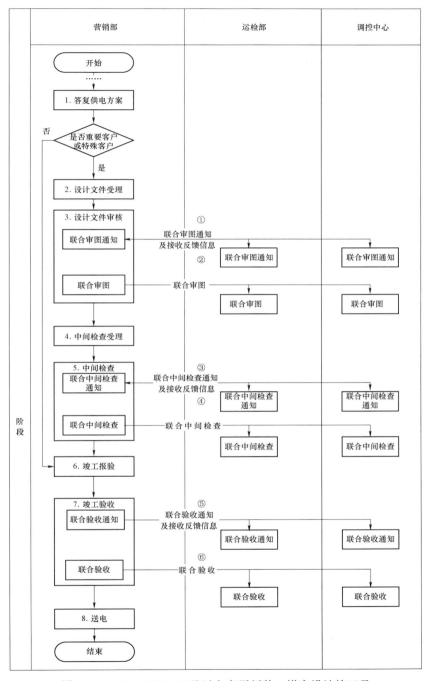

图 2－10　110（66）kV 及以上高压新装、增容设计施工及
竣工验收（客户内部工程）业务规则图

①～⑥—环节编号，含义见表 2－9

表2-9 　　110（66）kV及以上高压新装、增容设计施工及竣工验收

（客户内部工程）流程设计表

编号	环节	交互部门		交互系统		频率	交互内容	交互机制
		提供方	接收方	提供方	接收方			
①	设计文件审核	营销部	运检部、调控中心	营销系统	企业门户	实时	『添加待办工单』	需要协调相关部门一起进行设计文件审核时，营销部发送联合审图通知至协同部门
②	设计文件审核	运检部、调控中心	营销部	企业门户	营销系统	实时	『完成待办工单』	协同部门根据联合审图的通知信息，将协同部门信息返回至营销部
③	中间检查	营销部	运检部、调控中心	营销系统	企业门户	实时	『添加待办工单』	需要协调相关部门一起进行中间检查时，营销部发送中间检查通知至协同部门
④	中间检查	运检部、调控中心	营销部	企业门户	营销系统	实时	『完成待办工单』	协同部门根据联合中间检查的通知信息，将反馈结果返回至营销部
⑤	竣工验收	营销部	运检部、调控中心	营销系统	企业门户	实时	『添加待办工单』	营销部在竣工验收时发送联合验收通知至协同部门
⑥	竣工验收	运检部、调控中心	营销部	企业门户	营销系统	实时	『完成待办工单』	协同部门根据联合验收的通知信息，将反馈结果返回至营销部

3. 设计施工及竣工验收（电网配套工程）

（1）业务规则。110（66）kV及以上高压新装、增容设计施工及竣工验收（电网配套工程）业务规则如图2-11所示，其中，

1）需可研编制时，营销部将高压客户申请信息及供电方案信息发送至经研院（所）或运检部，可研编制完成时经研院（所）或运检部将可研编制结果发送至营销部。

2）运检部、发展部根据发送的可研编制结果信息，分别开展可研批复工作，完成后将可研批复信息发送至营销部。

3）发展部、财务部完成项目计划、预算的发布后，发展部开展ERP建项工作，将项目建项信息发送至营销部。

4）建设部或运检部完成工程设计后，将工程设计信息发送至营销部。

5）建设部或运检部完成物资领用工作后，将物资领用信息发送至营销部。

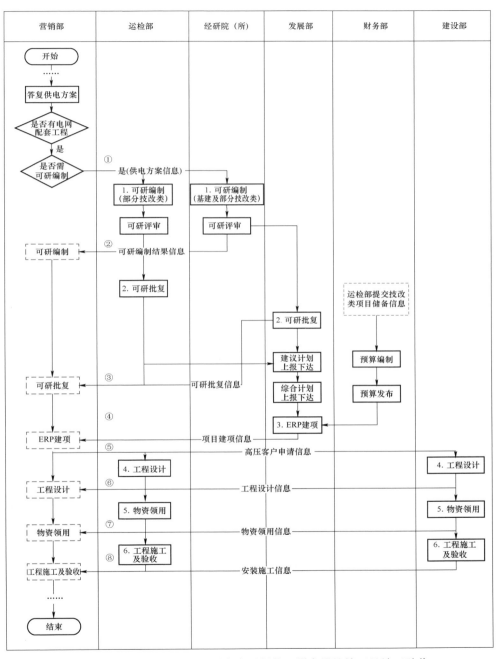

图 2-11 110（66）kV 及以上高压新装、增容设计施工及竣工验收
（电网配套工程）业务规则图

①～⑧—环节编号，含义见表 2-10

6）建设部或运检部完成工程施工及验收后，将安装施工信息发送至营销部。

（2）流程设计。110（66）kV 及以上高压新装、增容设计施工及竣工验收（电网配套工程）流程设计见表 2－10。

表 2－10　　　　110（66）kV 及以上高压新装、增容设计施工及

竣工验收（电网配套工程）流程设计表

编号	环节	交互部门		交互系统		频率	交互内容	交互时机
		提供方	接收方	提供方	接收方			
①	答复供电方案→可研编制	营销部	经研院（所）、运检部	营销系统	规划设计平台、PMS2.0	实时	『高压新装客户申请信息』『供电方案信息』	答复供电方案完成后，营销部将高压新装客户申请信息、供电方案信息发送至经研院（所）、运检部
②	可研编制→可研批复	经研院（所）、运检部	营销部	规划设计平台、PMS2.0	营销系统	实时	『接入可研信息』	可研评审完成后，经研院（所）、运检部将接入可研信息同时发送至营销部
③	可研批复→ERP 建项	发展部、财务部或运检部、财务部	营销部	规划计划平台、PMS2.0	营销系统	实时	『可研批复信息』	可研批复完成后，运检部、财务部或发展部、财务部将可研批复信息发送至营销部
④	ERP 建项→工程设计	发展部和财务部	营销部	ERP 系统	营销系统	实时	『项目建项信息』	发展部、财务部 ERP 联合建项完成后，将项目信息发送至营销部
⑤	ERP 建项→工程设计	营销部	建设部、运检部	营销系统	企业门户	实时	『添加待办工单』	营销部将高压客户申请信息发送至建设部或运检部，通知开展工程设计工作
⑥	工程设计→物资领用	建设部、运检部	营销部	企业门户	营销系统	实时	『完成待办工单』	建设部或运检部完成工程设计后，将工程设计信息发送至营销部
⑦	物资领用→工程施工及验收	建设部、运检部	营销部	ERP 系统	营销系统	实时	『物资领用信息』	建设部或运检部完成物资领用后，将物资领用信息发送至营销部
⑧	工程施工及验收→送电	建设部、运检部	营销部	基建管理系统、企业门户	营销系统	实时	『安装施工信息』	建设部或运检部完成工程施工及验收后，将安装施工信息发送至营销部

三、小区新装

（一）业务规则

小区新装业务规则如图 2－12 所示，其中，

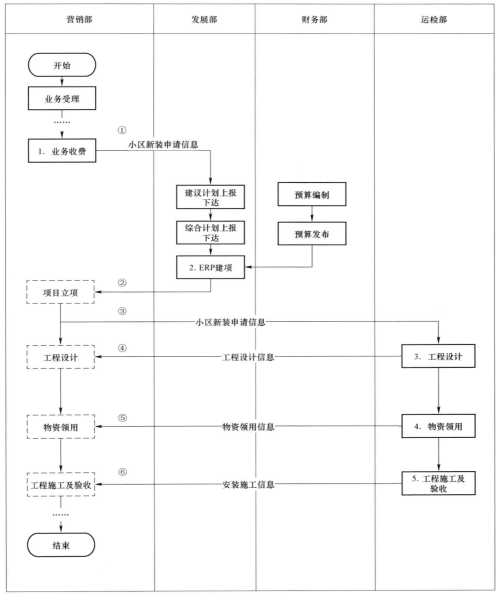

图 2-12 小区新装业务规则图

①～⑥—环节编号，含义见表 2-11

（1）营销部按照比例收取业务配套费后，向发展部提交小区新装申请信息，通知开展项目立项工作。

（2）发展部、财务部开展 ERP 联合建项，完成后将 10（20）kV 项目信息发送至营销部。

（3）运检部组织开展工程设计，工程设计完成后将工程设计信息推送至营销部。

（4）运检部组织开展物资相关工作，工程设计完成后将物资领用信息发送至营销部。

（5）运检部组织开展工程设计及施工，完成后将安装施工信息发送至营销部。

（二）流程设计

小区新装流程设计见表2－11。

表2－11　　　　　　　　　　小区新装流程设计表

编号	环节	交互部门		交互系统		频率	交互内容	交互时机
		提供方	接收方	提供方	接收方			
①	业务收费→项目立项	营销部	发展部	营销系统	规划设计平台	实时	『小区新装申请信息』	营销部按照比例收取业务配套费后，向发展部提交相关信息，通知开展项目立项工作
②	ERP建项→工程设计	发展部、财务部	营销部	ERP系统	营销系统	实时	『项目建项信息』	发展部、财务部完成ERP联合建项后，将10（20）kV的项目建项信息发送至营销部
③	项目立项→工程设计	营销部	运检部	营销系统	企业门户	实时	『添加待办工单』	营销部将小区新装申请信息发送至运检部，通知开展工程设计工作
④	工程设计→物资领用	运检部	营销部	企业门户	营销系统	实时	『完成待办工单』	运检部完成工程设计后，将工程设计信息发送至营销部
⑤	物资领用	运检部	营销部	ERP系统	营销系统	实时	『物资领用信息』	运检部完成物资领用后，将物资领用信息发送至营销部
⑥	工程施工及验收	运检部	营销部	企业门户	营销系统	实时	『安装施工信息』	运检部完成工程施工及验收后，将安装施工信息发送至营销部

四、10（20）kV及以上装表临时用电

（一）装表临时用电流程图

10（20）kV及以上装表临时用电流程如图2－13所示。

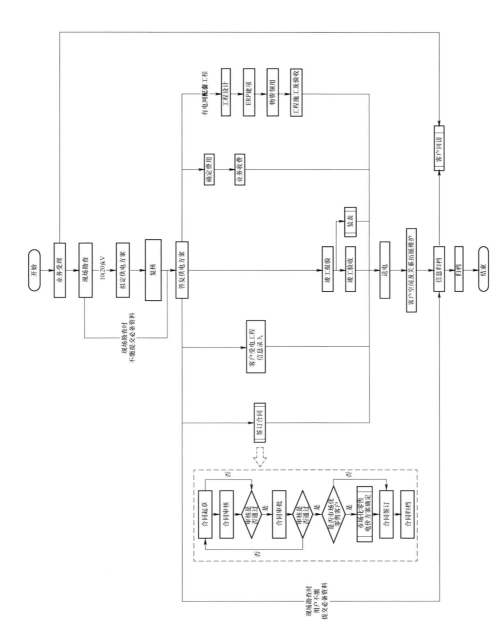

图 2-13　10（20）kV 及以上装表临时用电流程图

（二）设计施工及竣工验收（客户内部工程）

1. 业务规则

10（20）kV 及以上装表临时用电设计施工及竣工验收（客户内部工程）业务规则如图 2-14 所示，其中，

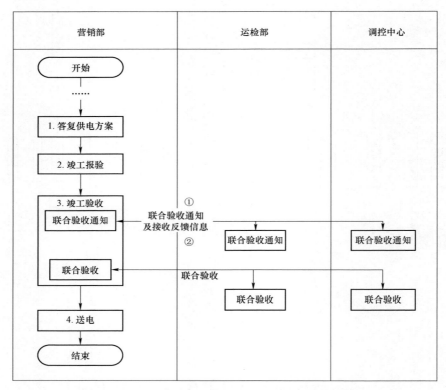

图 2-14　10（20）kV 及以上装表临时用电设计施工及
竣工验收（客户内部工程）业务规则图
①、②—环节编号，含义见表 2-12

（1）营销部根据审批确认后的供电方案，书面答复客户。

（2）营销部接收客户的竣工验收要求，审核相关报送材料是否齐全有效，通知运检部、调控中心准备客户受电工程的竣工验收工作。

（3）营销部按照国家和电力行业颁发的设计规程、运行规程、验收规范和各种防范措施等要求，根据客户提供的竣工报告和资料，组织运检部、调控中

心对受电工程的工程质量进行全面检查、验收。

（4）装表工作完成后，营销部组织送电。

2. 流程设计

10（20）kV 及以上装表临时用电设计施工及竣工验收（客户内部工程）流程设计见表 2－12。

表 2－12　　　　　10（20）kV 及以上装表临时用电设计施工及

竣工验收（客户内部工程）流程设计表

编号	环节	交互部门		交互系统		频率	交互内容	交互时机
		提供方	接收方	提供方	接收方			
①	竣工验收	营销部	运检部、调控中心	营销系统	企业门户	实时	『添加待办工单』	营销部在竣工验收时发送联合验收通知至协同部门
②	竣工验收	运检部、调控中心	营销部	企业门户	营销系统	实时	『完成待办工单』	协同部门接收到联合竣工验收通知后，将结果发送至营销部

（三）设计施工及竣工验收（电网配套工程）

1. 业务规则

10（20）kV 及以上装表临时用电设计施工及竣工验收（电网配套工程）业务规则如图 2－15 所示，其中，

（1）营销部将装表临时用电项目的供电方案信息发送至运检部，通知其开展工程设计工作。

（2）发展部、财务部完成项目计划、预算的发布后，运检部开展 ERP 建项工作。

（3）运检部开展物资领用工作。

（4）运检部开展工程施工及验收工作。

2. 流程设计

10（20）kV 及以上装表临时用电设计施工及竣工验收（电网配套工程）流程设计见表 2－13。

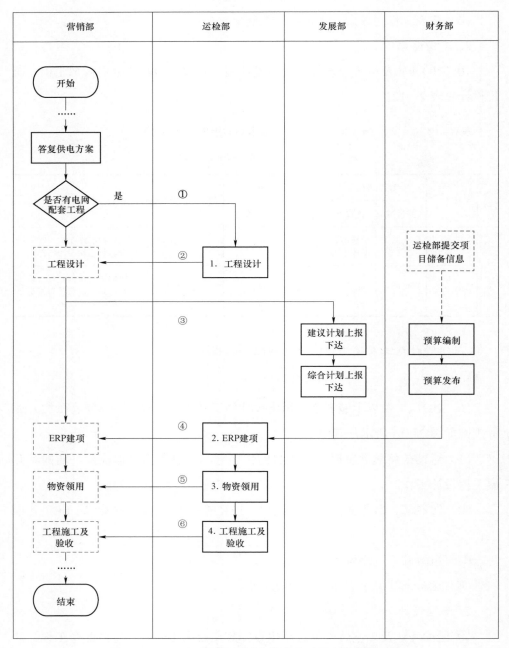

图 2-15 10（20）kV 及以上装表临时用电设计施工及
竣工验收（电网配套工程）业务规则图
①～⑥—环节编号，含义见表 2-13

表 2-13　　　　10（20）kV 及以上装表临时用电设计施工及

竣工验收（电网配套工程）流程设计表

编号	环节	交互部门		交互系统		频率	交互内容	交互时机
		提供方	接收方	提供方	接收方			
①	答复供电方案→工程设计	营销部	运检部	营销系统	企业门户	实时	『添加待办工单』	营销部答复供电方案完成后，将装表临时用电项目发送至运检部通知开展工程设计工作
②	工程设计→ERP 建项	运检部	营销部	企业门户	营销系统	实时	『完成待办工单』	运检部工程设计完成后，将装表临时用电工程设计进度信息发送至营销部
③	工程设计→ERP 建项	营销部	运检部	营销系统	规划计划平台	实时	『装表临时用电客户申请信息』『供电方案信息』	营销部将装表临时用电客户申请信息及供电方案信息发送至运检部
④	ERP 建项→物资领用	运检部	营销部	ERP 系统	营销系统	实时	『项目信息』	运检部完成后，ERP 建项将项目进度信息发送至营销部
⑤	物资领用→工程施工及验收	运检部	营销部	ERP 系统	营销系统	实时	『物资领用信息』	运检部物资领用完成后，将物资领用进度信息发送至营销部
⑥	工程施工及验收→送电	运检部	营销部	营销系统	企业门户	实时	『添加待办工单』『完成待办工单』	运检部在工程施工及验收完成后，填写安装施工信息发送至营销部

五、送停电计划

（一）业务规则

送停电计划业务规则如图 2-16 所示，其中，

（1）营销部完成送（停）电计划需求编制，并向运检部发送送（停）电计划报送信息。

（2）运检部完成送（停）电计划平衡计划安排后，将送（停）电计划结果信息反馈至营销部。

（二）流程设计

送停电计划流程设计见表 2-14。

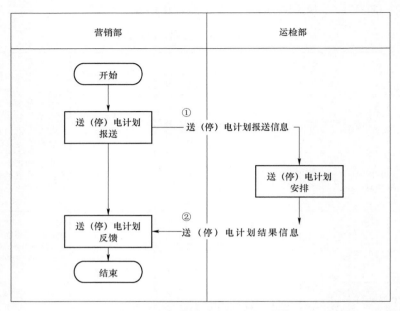

图 2-16　送停电计划业务规则图

①、②—环节编号，含义见表 2-14

表 2-14　　　　　　　　　　　送停电计划流程设计表

编号	环节	交互部门		交互系统		频率	交互内容	交互时机
		提供方	接收方	提供方	接收方			
①	送（停）电计划报送	营销部	运检部	营销系统	PMS2.0	实时	『送（停）电计划需求服务』	营销部完成送（停）电计划需求编制后，将信息发送至运检部
②	送（停）电计划反馈	运检部	营销部	PMS2.0	营销系统	实时	『送（停）电计划平衡结果反馈』	运检部记录并保存送（停）计划平衡结果信息后，将送（停）电计划平衡结果反馈后发送至营销部

六、项目包管理

（一）业务规则

项目包管理业务规则如图 2-17 所示，其中，

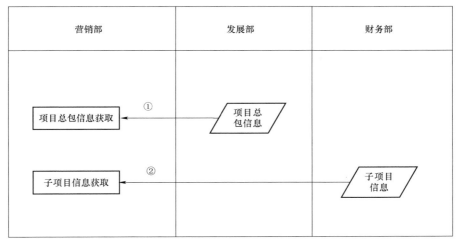

图2-17 项目包管理业务规则图

①、②—环节编号，含义见表2-15

（1）年度投资计划下发后，发展部将项目总包信息发送至营销部。

（2）财务部将相应的配套工程基建、技改项目的子项目编码、预算金额发送至营销部。

（二）流程设计

项目包管理流程设计见表2-15。

表2-15 项目包管理流程设计表

编号	环节	交互部门		交互系统		频率	交互内容	交互时机
		提供方	接收方	提供方	接收方			
①	项目总包信息获取	发展部	营销部	规划计划平台	营销系统	实时	『项目总包情况』	投资计划下达后，发展部将项目总包信息发送至营销部
②	子项目信息获取	财务部	营销部	公司级项目管理平台	营销系统	实时	『子项目情况』	财务部将相应的配套工程基建、技改项目的子项目编码、预算金额发送至营销部

七、负面清单

（一）业务规则

负面清单业务规则如图2-18所示，其中运检部、调控中心、发展部每月定期将『可用间隔清单』『线路受限清单』『公变受限清单』『主变受限清单』等信息发送至营销部。

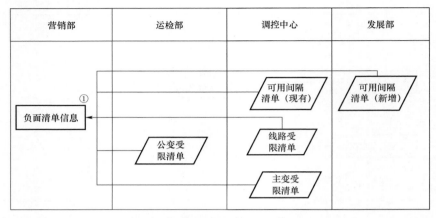

图2-18　负面清单业务规则图

①—环节编号，含义见表2-16

（二）流程设计

负面清单流程设计见表2-16。

表2-16　　　　　　　　　　负面清单流程设计表

编号	环节	交互部门		交互系统		频率	交互内容	交互时机
		提供方	接收方	提供方	接收方			
①		运检部、调控中心、发展部	营销部	PMS2.0	营销系统	次/月	『可用间隔清单』『线路受限清单』『公变受限清单』『主变受限清单』	运检部、调控中心、发展部每月定时将负面清单信息发送至营销部

八、系统交互

（一）与企业门户交互

表2-17　　　　　　　　　　企业门户交互表

序号	交互系统	业务类	环节名称	交互信息
1	企业门户	用电项目信息收集	拟定前期咨询意见	『添加待办工单』『完成待办工单』
2		高压新装、增容	现场勘查	『添加待办工单』『完成待办工单』

续表

序号	交互系统	业务类	环节名称	交互信息
3		高压新装、增容（10kV）	复核	『添加待办工单』『完成待办工单』
4		高压新装、增容	设计文件审核	『添加待办工单』『完成待办工单』
5		高压新装、增容	中间检查	『添加待办工单』『完成待办工单』
6		高压新装、增容	竣工验收	『添加待办工单』『完成待办工单』
7		高压新装、增容（35kV）	拟订供电方案	『添加待办工单』『完成待办工单』
8		高压新装、增容（35kV）	供电方案集中会审或会签	『添加待办工单』『完成待办工单』
9		高压新装、增容（110kV）	接入系统设计要求拟定	『添加待办工单』『完成待办工单』
10		高压新装、增容（110kV）	拟订供电方案	『添加待办工单』『完成待办工单』
11	企业门户	高压新装、增容（110kV）	供电方案评审	『添加待办工单』『完成待办工单』
12		高压新装、增容，小区新装	工程设计	『添加待办工单』『完成待办工单』
13		高压新装、增容，小区新装	项目变更、注销	『添加待办工单』『完成待办工单』
14		高压新装、增容10kV，35kV及以上技改、小区新装	工程施工及验收	『添加待办工单』『完成待办工单』
15		高压新装、增容（技改类35kV及以上）	可研编制	『添加待办工单』『完成待办工单』
16		高压新装、增容（技改类35kV及以上）	可研批复	『添加待办工单』『完成待办工单』
17		10（20）kV及以上装表临时用电设计施工及竣工验收	竣工验收	『添加待办工单』『完成待办工单』

（二）与规划设计平台交互

表 2-18　　　　　　　　　规划设计平台交互表

序号	交互系统	业务类	环节名称	交互信息
1		高压新装、增容（35kV及以上基建和部分技改类项目）	答复供电方案	『客户申请信息』『供电方案信息』
2	规划设计平台	高压新装、增容（35kV及以上基建和部分技改类项目）	可研编制	『接入可研信息』
3		高压新装、增容（35kV及以上基建和部分技改类项目）	可研批复	『可研批复信息』

（三）与规划计划平台交互

表 2-19 规划计划平台交互表

序号	交互系统	业务类	环节名称	交互信息
1	规划计划平台	小区新装	业务收费	『小区新装申请信息』『供电方案信息』
2		高压新装、增容（10kV），高压新装、增容（35kV及以上技改类项目）	答复供电方案	『高压新装客户申请信息』『供电方案信息』

（四）与公司级项目管理平台交互

表 2-20 公司级项目管理平台交互表

序号	交互系统	业务类	环节名称	交互信息
1	公司级项目管理平台	项目包管理	项目总包信息获取	『项目总包情况』
2		项目包管理	子项目信息获取	『子项目情况』

（五）与PMS2.0交互

表 2-21 PMS2.0 交 互 表

序号	交互系统	业务类	环节名称	交互信息
1	PMS2.0	送停电计划	送（停）电计划报送	『（送）停电计划需求服务』
2		送停电计划	送（停）电计划反馈	『（送）停电计划平衡结果反馈』
3		负面清单		『可用间隔清单』『线路受限清单』『公变受限清单』『主变受限清单』

（六）与ERP系统交互

表 2-22 ERP 系 统 交 互 表

序号	交互系统	业务类	环节名称	交互信息
1	ERP系统	高压新装、增容	ERP建项	『项目信息』
2		小区新装	项目立项	『项目信息』
3		高压新装、增容	物资领用	『物资领用信息』
4		小区新装	物资领用	『物资领用信息』
5		装表临时用电	ERP建项	『项目信息』
6		装表临时用电	物资领用	『物资领用信息』

（七）与基建管理系统交互

表 2－23
 基建管理系统交互表

序号	交互系统	业务类	环节名称	交互信息
1	基建管理系统	高压新装、增容（35kV及以上基建类项目）	工程施工及验收	『安装施工信息』

九、附件

（一）数据类清单

表 2－24
 数 据 类 清 单

业务数据类名称	内容
『添加待办工单』	应用系统编号、待办事宜ID、发起人ID、发起人姓名、处理人ID、处理链接、待办事宜描述、待办事项时间、紧急程度、过期日期、附加信息
『完成待办工单』	应用系统编号、待办事宜ID、处理人ID、处理日期、查阅链接、附加信息
『装表临时用电客户申请信息』	申请编号（营销）、业务类型、客户编号、客户名称、行政区域、用电地址、用电类别、容量、行业类别、负荷性质、供电电压、供电单位、业扩报装类型、项目类型、申请用电期限
『高压新装客户申请信息』	申请编号（营销）、业务类型、客户编号、客户名称、行政区域、用电地址、用电类别、容量、行业类别、负荷性质、供电电压、供电单位、业扩报装类型、项目类型
『供电方案信息』	申请编号（营销）、供用电方案附件路径、供电方案编制人。（拟定供电方案的操作人员）
『接入可研信息』	申请编号（营销）、供电单位、项目编码、可研编制上报时间
『可研批复信息』	申请编号（营销）、供电单位、项目编码、可研批复文号、可研批复完成时间
『项目建项信息』	申请编号（营销）、供电单位、项目编码、项目名称、项目资金、项目建项时间、备注
『物资领用信息』	申请编号（营销）、供电单位、项目编码、项目名称、需求提报时间、计划到货时间、实际到货时间、领用完成时间、备注
『安装施工信息』	申请编号（营销）、供电单位、项目编码、项目名称、施工开始时间、施工完成时间、施工合格时间
『小区新装申请信息』	申请编号（营销）、业务类型、客户编号、客户名称、行政区域、用电地址、用电类别、容量、负荷性质、供电电压、供电单位、业扩报装类型、项目类型
『送（停）电计划需求服务』	工单编号、供电方案编号、供电方案状态、计划停电名称、停电范围、停电需求开始时间、停电需求结束时间、停电需求所属供电单位、停电需求人、停电需求接收单位、停电类型、停电原因、停电主设备ID、项目编号、项目类型、项目名称、项目性质、项目重要程度、计划类型、电压等级、设备类型、设备ID、设备名称

续表

业务数据类名称	内容
『送（停）电计划平衡结果反馈』	工单编号、计划停电名称、停电范围、停电需求开始时间、停电需求结束时间、实际停电开始时间、计划联系人、停电需求所属供电单位、停电需求人、停电需求接收单位、停电类型、停电区域、停电原因、停电主设备 ID、项目编号、项目类型、项目名称、项目性质、项目重要程度、计划反馈结果、变更类型、是否带电作业、备注
『项目总包情况』	供电单位、年份、业扩报装类型、项目包编码、项目包类型、项目金额、备注
『子项目情况』	供电单位、业扩报装类型、项目包编码、项目编码、项目名称、项目资金
『可用间隔清单』	供电单位、变电站编号、变电站名称、母线电压等级、母线段名称（一段母线）、可用间隔编号、可用间隔名称、备用间隔编号、备用间隔名称
『线路受限清单』	供电单位、变电站编号、变电站名称、线路编号、线路名称、纳入负面清单时间、受限等级、是否纳入计划、计划完成时间、线路限额、可开放容量值、整改状态、实际完成时间、整改天数
『公变受限清单』	供电单位、公变编号、公变名称、纳入负面清单时间、受限等级、是否纳入计划、计划完成时间、额定容量、可开放容量值、整改状态、实际完成时间、整改天数
『主变受限清单』	供电单位、变电站编号、变电站名称、主变编号、主变名称、纳入负面清单时间、受限等级、是否纳入计划、计划完成时间、额定容量、可开放容量值、整改状态、实际完成时间、整改天数
『联合勘查通知信息』	申请编号、客户名称、申请容量、用电地址、通知日期、业务环节、联系方式、标题、内容、附件、通知发起人、通知部门、通知人、现场勘查时间
『反馈勘查通知信息』	是否参加、参加人员、不参加原因、反馈时间
『联合审图通知』	申请编号、客户名称、申请容量、用电地址、通知日期、业务环节、联系方式、标题、内容、附件、通知部门、通知人、通知发起人、联合审图时间
『联合中间检查通知』	申请编号、客户名称、申请容量、用电地址、通知日期、业务环节、联系方式、标题、内容、附件、通知部门、通知人、通知发起人
『联合验收通知』	申请编号、客户名称、申请容量、用电地址、通知日期、业务环节、联系方式、标题、内容、附件、通知人
『协同部门反馈信息』	是否参加、参加人员、不参加原因、反馈时间
『供电方案会签信息』	会签意见、会签同意标志、会签部门、审核人、会签日期、申请编号、附件
『工程设计信息』	配套工程的设计完成时间、设计文件送审时间、设计审核完成时间
『工程施工及验收』	供电单位、项目编码、项目名称、施工开始时间、施工完成时间、验收合格时间
『接入系统设计要求拟定信息』	进线方式、电源性质、电源类型、供电电压、供电容量、电源接电点、断路器额定电流、断路器开断电流、投资界面、产权分界点说明、进线方式铺设说明、路径说明、铺设线路选型（电缆规格）、电缆最小截面积、铺设线路选型（架空）、导线最小截面积
『供电方案评审信息』	评审意见、评审部门、审核人、评审日期、申请编号

（二）协同部门交互视图

表2-25 协同部门交互表

序号	业务环节	营销部			发展部			运检部			调控中心			经研院（所）			财务部		
		10kV	35kV	110kV	10kV	35kV	110kV	10kV	35kV	110kV	10kV	35kV	110kV	10kV	35kV	110kV	10kV	35kV	110kV
一	用电项目信息收集																		
1	信息收集	★	★	★															
2	拟定前期咨询意见	▲	▲	▲											★	★			
3	答复前期咨询意见	★	★	★															
4	归档	★	★	★															
二	小区新装																		
1	业务收费	★																	
2	项目立项	▲			★														
3	工程设计	▲						★											
4	物资领用	▲						★											

参与部门

协同部门交互表

续表

序号	业务环节	营销部			发展部			运检部			调控中心			经研院（所）			财务部		
		10kV	35kV	110kV	10kV	35kV	110kV	10kV	35kV	110kV	10kV	35kV	110kV	10kV	35kV	110kV	10kV	35kV	110kV
5	工程施工及验收	▲						★											
三	送停电计划																		
1	送（停）电计划报送	★	★	★				▲	▲	▲									
2	送（停）电计划反馈	▲	▲	▲				★	★	★									
四	项目包管理																		
1	项目总包信息获取	▲	▲	▲	★	★	★												
2	项目子包信息获取	▲	▲	▲													★	★	★
五	负面清单																		
1	负面清单	▲	▲	▲				★	★	★	▲	▲	▲						

注 ★为牵头部门；▲为配合部门。

（三）高压新装、增容业务交互视图

表 2-26 高压新装、增容业务交互表

序号	业务环节	营销部			发展部			运检部			建设部			调控中心			经研院（所）			信通公司			财务部		
		10kV	35kV	110kV	10kV	35kV	110kV	10kV	35kV	110kV	10kV	35kV	110kV	10kV	35kV	110kV	10kV	35kV	110kV	10kV	35kV	110kV	10kV	35kV	110kV
1	业务受理	★	★	★																					
2	现场勘查	★	★	★		◄		◄	◄	◄															
3	接入系统设计要求拟定			◄			★																		
4	接入系统设计要求答复			★														◄	◄						
5	受理接入系统设计			★																					
6	拟订供电方案	★	◄	◄														★	★						

参与部门

续表

参与部门

序号	业务环节	营销部			发展部			运检部			建设部			调控中心			经研院（所）			信通公司			财务部		
		10kV	35kV	110kV	10kV	35kV	110kV	10kV	35kV	110kV	10kV	35kV	110kV	10kV	35kV	110kV	10kV	35kV	110kV	10kV	35kV	110kV	10kV	35kV	110kV
7	供电方案评审			▲			★			▲						▲			▲						
8	供电方案中集审会会签或会签		★			★			▲						▲			▲							
9	复核	★			▲			▲						▲											
10	答复供电方案	★	★	★																					
11	可研编制		▲	▲		★	★		★	★								★	★						
12	可研批复		▲	▲		★	★		★	★														▲	▲
13	ERP建项	▲	▲	▲				★																	
14	工程设计	▲	▲	▲				★	★	★		★	★												
15	物资领用	▲	▲	▲				★	★	★		★	★												

续表

序号	业务环节	营销部			发展部			运检部			建设部			调控中心			经研院（所）			信通公司			财务部		
		10kV	35kV	110kV	10kV	35kV	110kV	10kV	35kV	110kV	10kV	35kV	110kV	10kV	35kV	110kV	10kV	35kV	110kV	10kV	35kV	110kV	10kV	35kV	110kV
16	工程施工及验收	▲	▲	▲				★	★	★		★	★												
17	确定费用	★	★	★																					
18	业务收费	★	★	★																					
19	设计文件审核受理	★	★	★																					
20	设计文件审核	★	★	★				▲	▲	▲				▲	▲	▲									
21	中间检查受理	★	★	★																					
22	中间检查	★	★	★				▲	▲	▲					▲	▲									
23	安装采集终端	★	★	★																					

（参与部门）

续表

序号	业务环节	营销部			发展部			运检部			建设部			调控中心			经研院（所）			信通公司			财务部		
		10kV	35kV	110kV	10kV	35kV	110kV	10kV	35kV	110kV	10kV	35kV	110kV	10kV	35kV	110kV	10kV	35kV	110kV	10kV	35kV	110kV	10kV	35kV	110kV
24	竣工报验	★	★	★																					
25	竣工验收	★	★	★				▲	▲	▲				▲	▲	▲									
26	客户受电工程录入	★	★	★																					
27	签订合同	★	★	★																					
28	签订调度协议	★	★	★																					
29	装表	★	★	★																					
30	送电	★	★	★																					
31	客户空间及拓展维护	★	★	★																					
32	信息归档	★	★	★																					
33	客户回访	★	★	★																					
34	归档	★	★	★																					

注　★为牵头部门；▲为配合部门。

第三节　关键技术运用

一、SSO 单点登录技术应用

统一的认证系统是单点登录（Single Sign ON，SSO）的前提，认证系统的主要功能是将用户的登录信息和用户信息库相比较，对用户进行登录认证；认证成功后，认证系统生成统一的认证标志（ticket），返还给用户。另外，认证系统还应对 ticket 进行效验，判断其有效性。应用系统应能对 ticket 进行识别和提取，通过与认证系统的通信，能自动判断当前用户是否登录过，从而完成单点登录的功能。采用不同系统使用同一帐号的用户映射方式，用户只需要登录一次就可以访问所有相互信任的应用系统，在统一认证系统的工作桌面中嵌入界面方式显示，提高安全性和使用一致性。

二、"大云物移"技术应用

借助"大云物移"（大数据、云计算、物联网、移动互联网）技术，依托营销业务应用系统打通与相关系统的接口，实现与相关专业系统无缝对接、信息互联互通，突破了专业系统壁垒，解决专业协同不够紧密、业务管控不够严格、业扩报装信息不够透明和体外循环等难题顽症。

三、业扩报装全流程管控平台搭建

基于营销业务应用系统搭建业扩报装全流程管控平台，与 PMS2.0、企业门户、渠道协同运营管理、运营监测平台等系统集成，实现业扩报装全流程信息公开与实时管控。通过与 PMS2.0 集成，获取业扩报装全流程管控所需的负面清单、配套工程和停（送）电计划信息数据；通过与企业门户集成，实现储备库管理、联合查勘、供电方案备案、供电方案会签、供电方案评审、联合审图、联合中间检查、联合验收等协同工作的在线流转；在营配贯通中集成负面清单和配网在建工程信息，深化业扩报装辅助设计；通过与渠道协同运营管理平台集成，为业扩报装外部公开信息提供精准推送服务；通过与运营监测平台集成，汇聚业扩报装流程、电网资源、工程管理、停（送）电计划等内部信息，实现催办、督办及分析评价功能。

1. 营销业务应用系统改造

（1）业扩报装项目储备库管理：改造原用电大项目前期咨询流程，设置咨询受理、拟定前期咨询意见、答复前期咨询意见、归档四大环节。拟定前期咨询意见、项目储备库查询功能通过企业门户发送至发展、运检部门，实现业扩报装项目储备库的协同管理。

（2）电网配套工程管理：优化营销系统业扩报装配套电网工程流程分支，设置项目可研编制、可研批复、ERP 建项、工程设计、物资供应、工程施工六大环节，实现 PMS2.0 电网配套工程管理流程的信息接入。

（3）客户受电工程管理：优化营销系统业务联系单位管理模块，完善承揽业扩报装工程设计、施工单位、物资供应单位信息的维护和查询功能。增加客户受电工程信息管理模块，实现设计委托时间、设计完成时间、物资配送完成时间、委托施工时间、土建工程完成时间、施工及验收完成时间等信息的管理。

（4）接口新增与调整：调整停（送）电计划管理、住宅小区供电工程管理集成方式，由原企业门户作为统一入口改为与 PMS2.0 直接对接。新增线上业务办理、进程查询、业务催办、客户工程维护、满意度评价等接口，实现与渠道协同运营管理平台的对接，封装统一的对外服务。

2. 生产管理信息系统（PMS2.0）优化

（1）负面清单管理：通过跨专业信息系统集成，实现业扩报装接入负面清单系统自动运算、发布、销号。通过集成调度 SCADA、用电信息采集系统，实现主变、线路、公变可开放容量的计算，生成负面清单并发布；将负面清单改造项目纳入 PMS2.0 工程管理模块，实现设计、开工、物资到位、验收等关键环节信息与营销系统对接；建立销号管理流程，实现申请、验证、销号的闭环管理。

（2）配网工程管理：在 PMS2.0 中完善配网工程管理功能，实现与营销业扩报装流程的数据贯通。具体包括工程基本信息、进度信息和地理位置信息等，对于业扩报装配套或负面清单整改所涉及的工程，应实现相关信息的关联。

（3）停（送）电计划管理：实现 PMS2.0 与营销系统业扩报装停（送）电管理流程的系统集成。营销系统推送意向接电时间、现场作业条件、搭接点等关键信息至 PMS2.0。停（送）电计划核准发布后，通过 PMS2.0 反馈回营销系统。

3. 营配调贯通深化

业扩报装辅助设计：融合营配调贯通成果，在营销 GIS 中集成负面清单和配网在建工程信息展示，深化业扩报装辅助设计功能。

4. 电子渠道优化

（1）渠道协调平台：对包括手机 APP、95598 网站（外网）在内的电子渠道进行功能改造，接入渠道协同运营管理平台。

（2）信息公开：增加信息公告展示功能，具体内容包括办电指南、收费标准、停电计划、办理进程、下一环节应提交的必备资料、供电方案、须缴纳的业务费用、电网配套工程和集体企业承揽的客户工程建设进度等。

（3）信息互动：新增线上业务办理功能，提供办电业务的线上申请、电子资料传递、电子签名、在线审核、启动营销系统相关流程。

（4）办电查询：新增办电进程查询功能，提供环节完成时间、经办人员信息、业务收费信息、客户需准备的资料和配合事项等信息的推送和查询，同时可对相关内容发起催办。

（5）客户反馈：新增客户满意度调查功能，提供客户满意度调查问卷的线上填写、客户基本信息核对修改、意见建议收集等功能。

5. 移动作业平台优化

移动作业平台优化：拓展移动作业平台现场作业功能，包括拍照上传、红外线扫描、电子表单录入、电子签名、单据打印等功能。

6. 运营监测平台优化

运营监测平台优化：接入业扩报装全流程管控各环节相关信息，完善业扩报装全流程指标监测功能，扩展业扩报装全流程分析评价相关主题。

7. 系统集成清单（见表 2-27）

表 2-27　　　　　　　　系　统　集　成　清　单

序号	集成内容	源系统	目标系统
1	负面清单信息，包括受限的主变、线路、公变和间隔信息及整改计划	PMS2.0	营销系统
2	负面清单信息，包括受限的主变、线路、公变和间隔信息、整改计划及地理位置信息	PMS2.0	营销 GIS

续表

序号	集成内容	源系统	目标系统
3	工程信息，工程基本信息、进度信息和地理位置信息	PMS2.0	营销系统
4	工程信息，包括工程基本信息、进度信息和地理位置信息	PMS2.0	营销 GIS
5	业扩报装协同信息，包括通知、会签和任务单	营销系统	企业门户
6	业扩报装互动服务，包括线上业务办理、进程查询催办、客户工程维护、满意度评价信息	手机 APP、95598 网站（外网）	渠道协同运营管理平台→营销系统
7	业扩报装外部公开信息，包括办电指南、收费标准、停电计划、办理进程	营销系统	渠道协同运营管理平台→手机 APP、95598 网站（外网）
8	业扩报装全过程管控信息，包括业扩报装流程信息、客企互动信息（进度通知、流程办理、满意度、投诉等）	营销系统	运营监测平台
9	负面清单信息，包括受限的主变、线路、公变和间隔信息及整改计划	PMS2.0	运营监测平台
10	停送电计划信息，包括停送电计划批复信息	PMS2.0	运营监测平台

四、Flash 技术应用

Flash 是一种创作工具，开发人员使用它来创建演示文稿、应用程序和其他允许用户交互的内容。Flash 可以包含简单的动画、视频内容、复杂演示文稿和应用程序以及介于它们之间的任何内容。通常，使用 Flash 创作的各内容单元称为应用程序，即使它们可能只是很简单的动画。也可以通过添加图片、声音、视频和特殊效果，构建包含丰富媒体的 Flash 应用程序。Flash 特别适用于创建通过营销业务系统提供的内容，因为它的文件非常小。Flash 包含了多种功能，如预置的拖放用户界面组件，可以轻松地将 ActionScript 添加到文档的内置行为，以及可以添加到媒体对象的特殊效果。Flash 作为非开源前端技术应用，跨浏览器友好访问，支持可视化图形展示，提高展示动画效果，增强客户体验。

五、流计算技术应用

实时计算具备分布式、低延迟、高性能、可扩展、高容错、高可靠、消息严格有序、定制开发等特点。在整个计算过程中，实时计算引擎与各处理单元均处于运行状态，接收源源不断流进的消息，进行任务的分配、调度、路由、计算，最后将处理结果进行存储。

实时流计算有两个特点：一是实时，随时可以看数据；二是流，流水不争，绵延不绝，断无可断。这就像分配任务，分配 A 把任务 B 做一下，他说，好的任务 B 已经做完了；分配 A 接着做任务 C，任务 C 也做完了，然后就源源不断的把实时任务分配给 A 做，A 兵来将挡水来土掩，来一个处理一个，完成得滴水不漏，这叫人工实时流计算。从数据和事件角度，实时流计算需要一套完整的解决方案，如 Kafka。Kafka 是一种分布式的、基于发布/订阅模式的消息系统，与遵循 AMQP 标准的 RabbitMQ 不同，Kafka 是一个更通用的消息系统，它以时间复杂度为 O（1）的方式提供消息持久化能力，对 TB 级别的数据也能保证常数时间复杂度的访问性能。Kafka 在大数据消息处理领域处于暂时领先的地位，它负责接收消息，然后再把消息传给 Storm，对于 Storm 来说，Kafka 就是一个永不停歇的数据源。

六、OGG 复制技术应用

OGG 全称为 Oracle Golden Gate。OGG 软件是一种基于日志的结构化数据复制备份软件，它通过解析源数据库在线日志或归档日志获得数据的增量变化，再将这些变化应用到目标数据库，从而实现源数据库与目标数据库同步。OGG 可以在异构的 IT 基础结构（包括几乎所有常用操作系统平台和数据库平台）之间实现大量数据亚秒一级的实时复制，从而可以在应急系统、在线报表、实时数据仓库供应、交易跟踪、数据同步、集中/分发、容灾、数据库升级和移植、双业务中心等多个场景下应用。同时，OGG 可以实现一对一、广播（一对多）、聚合（多对一）、双向、点对点、级联等多种灵活的拓扑结构。由于 OGG 采用跨异构环境，对系统负载影响很低，可对交易型数据做实时抽取、发送、转换和传输。OGG 通过读取事务日志，在数据发生时捕获指定的事务。当指定事务发生时，OGG 将事务产生的增量数据再传至目标数据库，实现业务源数据与目标数据的同步处理。

思 考 题

1. 除了书中列举的业务环节加入业扩报装全流程管控外，您觉得还有哪些环节可以纳入业扩报装全流程管控之中？

2. 您认为业扩报装全流程管控体系还有哪些可以改进的地方？

第三章 业扩报装全流程
信息公开与实时管控业务

第一节 概　　况

一、建设目标

浙江公司为主动适应电力体制改革，以客户为导向，强化市场意识，建成"全流程线上流转，全业务数据量化，全环节时限监控"的业扩报装全流程信息公开与实时管控工作机制，切实提高办电效率和服务质量，以规范的服务、快速的响应、灵活的策略赢得客户、赢得市场。业扩报装全流程管控平台建设目标如图3-1所示。

二、业务架构及功能架构

（一）业扩报装全流程管控业务架构

业扩报装全流程管控包括业扩报装全流程管理、全流程指标监控、信息内外公开服务、互联网+业扩报装服务项目四大模块，并通过接口方式与其他业务系统进行业扩报装相关信息交互。业扩报装全流程管控业务应用架构如图3-2所示。

（1）业扩报装全过程管理：主要包括模型管理、项目储备管理、业务过程管控、预警管理、管控评价、督办协同、工作协同等功能。其中模型管理实现对业扩报装管控、信息公开、预告警的模型维护；项目储备管理实现对储备项

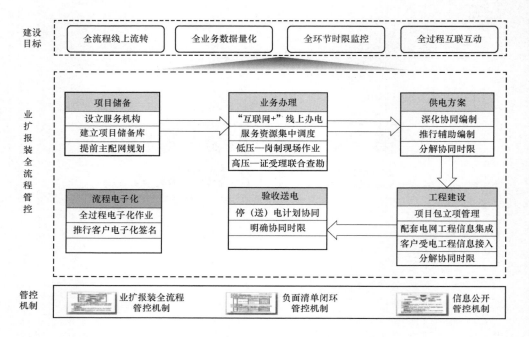

图 3-1　业扩报装全流程管控平台建设目标图

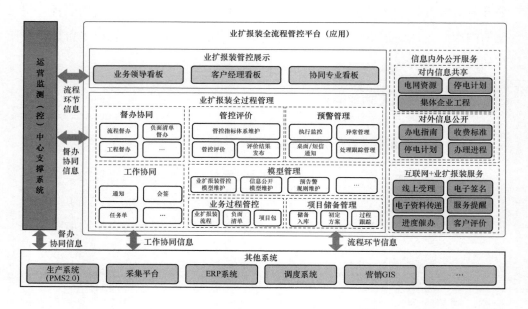

图 3-2　业扩报装全流程管控业务应用架构图

目的入库、初定方案、过程跟踪等功能；业务过程管控实现对业扩报装全流程、负面清单的全过程管控；预警管理实现对业扩报装全流程时限的事前预警与事中告警，包括执行监控、异常管理、桌面/短信通知、处理跟踪管理等功能；管控评价实现对业扩报装全过程的事后评价，包括管控指标体系维护、管控评价、评价结果发布等功能；督办协同实现对业扩报装全流程的进程督办，包括流程督办、负面清单督办、工程督办等功能；工作协同实现业扩报装全环节的内部协同，包括通知、会签、任务单等功能。

（2）业扩管控展示：主要包括业务领导看板、客户经理看板、协同专业看板等功能。其中：业务领导看板可查看业扩报装流程总体情况、各环节预警超期情况、负面清单发布及整改情况、业扩报装互动情况等信息，为公司提供管理决策视图；客户经理看板作为项目管控的统一入口，可查看客户经理所负责的业扩报装流程情况，包括储备库项目、负面清单、业扩报装项目进展、预告警情况、协同工作情况；协同专业看板作为协同部门的统一入口，可查看业扩报装流程的基本情况、进程信息、协同工作情况。

（3）信息内外公开服务：主要包括对内信息共享、对外信息公开两部分。其中：对内信息共享实现储备库项目、电网资源、停（送）电计划、集体企业承揽业扩报装工程等信息的内部共享；对外信息公开实现办电指南、收费标准、停（送）电计划、办理进程等信息的对外公开。

（4）互联网＋业扩报装服务：主要包括线上受理、电子资料传递、服务提醒、进度催办、客户评价等功能，实现办电需求的互动确认、电子资料的线上传递、业务进程及相关事项的主动提醒、客户催办的闭环管理、客户回访的双向互动和不满意工单的闭环管理。

（二）业扩报装全流程管控功能架构

业扩报装全流程管理平台集成了现有营销业务应用系统、生产管理系统、协同办公系统、渠道协同管理平台、掌上电力 APP 等多套系统的信息，并在此基础上开展业务应用。其核心模块建立在营销业务系统基础上，其他各业务系统做适应性改造，为业扩报装全流程信息公开与实时管控提供数据支撑。业扩报装全流程管控的主要功能模块如图 3－3 所示。

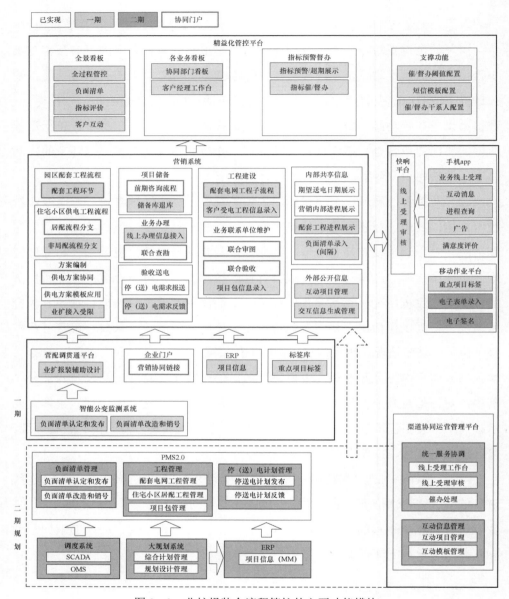

图 3-3　业扩报装全流程管控的主要功能模块

考虑到建设进度和业务平稳运行，按照分步实施的原则分两期开展业扩报装全流程管控平台的项目建设。

一期建设目标：营销系统完成管控平台、项目储备、项目标签、项目包、配套工程、客户工程、信息共享等功能模块开发；手机 APP 完成业务线上受理、互动消息、进程查询、广告、满意度评价功能模块开发；移动作业平台完成重点项目标签功能开发；智能公变监控系统、营配调贯通系统完成负面清单功能模块开发；快响平台完成线上受理审核功能；ERP 实现项目信息查询功能；标签库实现重点项目管理功能；企业门户实现协同业务手工录入。

二期建设目标：移动作业平台完成电子化表单、电子签名功能；渠道协同运营平台完成各渠道的统一服务调度、互动信息管理功能；PMS2.0 完成负面清单、工程管理、停（送）电计划功能模块，代替营销业务应用系统原手工录入功能。

第二节　业扩报装全流程管控体系

业扩报装全流程管控主要对业扩报装流程的关键环节进行管控，形成一套多维度立体化的管控体系，有效提升业扩报装管理水平和客户服务能力。

业扩报装全流程管控的主要管控环节包括项目储备环节、业务办理环节、方案编制环节、工程建设环节和验收送电环节，同时新增住宅小区供电工程流程，加强小区供电工程规范管理。建设系统的过程管控机制，有效监控、预警关键相关环节。

一、项目储备环节

1. 转变服务模式

应对电力体制改革，探索业扩报装新模式，转变业扩报装服务理念。对园区转型升级、新增产业园区、围垦区等潜在增量配售电市场，按需设立相应的供电服务机构，配置相应的大客户经理。主动对接政府部门，及时掌握潜在市场供电需求，主动抢占增量配售电市场。从"坐等客户"向"上门营销"转变，优化业扩报装全流程服务模式，充分营造全公司为客户服务的理念。

2. 建立项目储备库

建立业扩报装需求储备联动机制，大客户经理做到提前介入、主动服务，形成高效、畅通的服务运转模式。开展政府、大客户定期走访，通过参加各类政府会议、招商引资活动、客户咨询、客户申请临时用电等多种渠道，提前获取客户潜在用电需求信息。

在营销系统录入项目储备信息（包括项目名称、项目概况、用电地址、联系信息、容量需求、负荷特性、拟投产时间等内容）。流程通过门户网站下发至经研院（所）拟定前期咨询意见，确定初步电源接入方案（包括供电电压等级、供电容量、供电回路数量、意向电源点等），相关信息进入项目储备库；同时由客户经理主动回复客户，并通过门户网站的"待办事项"功能，推送至发展、运检部门。发展、运检部门，根据发布信息提前做好主配网的规划、建设，按照客户拟投产时间提前完成电网配套工程建设，满足客户接电需求，做到"早送电、早投产、早售电"，实现抢占市场、增供扩销。

二、业务办理环节

1. 推行线上办电

拓展 95598 网站（外网）、手机 APP、移动作业终端等电子渠道，实现高低压全业务线上办电。高压新装客户通过在线提交营业执照等有效证件实现一证预约，低压新装客户通过在线提交身份证明实现一证受理。已通过实名制认证且资质证件尚在有效期内的客户，无需再次提供，实现线上直接受理。简化供用电合同签订，居民客户线上办电实现供用电合同一键式电子签约。对于有特殊需求的客户群体，提供预约上门办电服务，客户经理通过移动作业终端实现上门受理。

2. 推行一岗制现场作业

进一步优化现场作业模式，实施合并作业和联合勘查。市（县）客户服务中心成立低压现场服务班，低压客户实行勘查装表"一岗制"作业。具备直接装表条件的，勘查确定供电方案后当场装表接电；不具备直接装表条件的，现场勘查时答复供电方案，同步提供设计简图和施工要求，根据与客户约定时间或电网配套工程竣工当日装表接电。高压客户实行"联合勘查、一次办结"制，营销部（客户服务中心）负责组织相关专业人员共同完成现场勘查。

三、方案编制环节

1. 深化供电方案协同编制

加强供电方案协同编制功能实用化推进。现场勘查后，10kV 及以下项目，由营销部完成供电方案编制；35kV 项目，由营销系统自动流转至经研院（所）拟订供电方案；110kV 及以上项目，客户委托具备资质的单位开展接入系统设计后，由发展部委托经研院（所）根据客户提交的接入系统设计拟订供电方案，由发展部组织网上会签或集中会审。

基于营配调贯通，推行供电方案辅助编制。10kV 及以下用户根据电压等级、用电容量、电源性质等，分类编制典型供电方案模板，实现供电方案自动生成。

依托企业门户，完善供电方案备案与会签。10kV 项目，方案确定后当日由营销部门通过营销系统推送至发展、运检、调控等部门备案；35kV 项目，方案拟定后当日由营销部通过营销系统推送至发展、运检、调控等部门进行会签；110kV 及以上项目，方案拟定后当日由发展部组织运检、营销、调控等部门进行评审，评审结果通过企业门户反馈至营销系统。

2. 明确方案编制时限要求

根据国家电网公司《进一步精简业扩报装手续、提高办电效率的工作意见》（国家电网营销〔2015〕70 号）文件中明确的不同电压等级方案编制的责任主体及协同事项，将供电方案编制分解为拟定、会签、评审等环节，明确各环节时限要求并设置预警阈值，如表 3-1 所示。

表 3-1　　　　　供电方案编制各环节时限要求及预警阈值表

模块	环节	责任部门	时限要求	预警阈值
供电方案编制	10kV 供电方案编制	营销部	单电源 7 个工作日；双电源 15 个工作日	单电源 5 个工作日；双电源 10 个工作日
	35kV 供电方案拟定	经研院（所）	单电源 7 个工作日；双电源 15 个工作日	单电源 5 个工作日；双电源 10 个工作日
	35kV 供电方案会签	发展、运检、调控部门	2 个工作日	1 个工作日
	110kV 及以上接入系统设计要求拟定	发展部	1 个工作日	—
	110kV 及以上供电方案拟定	经研院（所）	单电源 7 个工作日；双电源 15 个工作日	单电源 5 个工作日；双电源 10 个工作日
	110kV 及以上供电方案评审	发展部门	2 个工作日	1 个工作日

四、工程建设环节

1. 项目包立项管理

将 35kV 及以下业扩报装配套项目全部纳入 35kV 及以下电网基建、生产技改项目包。按照《国家电网公司关于进一步提升业扩报装服务水平的意见》（国家电网办〔2015〕1029 号）文件中明确的业扩报装配套电网工程项目管理流程，实现 35kV 及以下基建、生产技改项目包国网投资计划系统立项的流程化管理。

投资计划系统配套电网项目包立项流程实现县、地市公司逐级打包上报，省公司汇总平衡、总部审批、投资计划下达四个环节。项目下达后集成 ERP 系统，完成地市、县公司项目包分批分解、项目建项，产生项目包编码。

2. 配套电网工程信息集成

营销系统供电方案编制后，自动触发配套电网工程管理流程推送至 PMS2.0 系统。完善 PMS2.0 配套电网工程管理流程，具体业扩报装流程对应关联配套电网工程项目子编码。实现配套项目可研及批复、ERP 建项、设计、物资采购、施工及验收等环节全过程管理，并按照专业部门职责分工，由发展、基建、运检、物资等部门根据项目进程录入关键环节节点信息。

改造营销系统业扩报装配套电网工程流程分支。对于无需核准的项目，按照 ERP 建项、工程设计、物资供应、工程施工四大环节设置；对于需核准的项目，按照项目可研编制、可研批复、ERP 建项、工程设计、物资供应、工程施工六大环节设置。根据项目电压等级及规模，实现 PMS2.0 配套电网工程管理流程关键环节进程信息的自动获取。

3. 客户受电工程信息接入

营销系统增加客户受电工程信息管理功能，深化应用业务联系单位管理模块，完善承揽业扩报装工程设计、施工单位、物资供应单位信息。对于集体企业承揽的用户受电工程，接收工程设计、物资采购、工程施工环节相关进度信息，包括设计单位名称、设计委托时间、设计完成时间、施工单位名称、物资供应完成时间、委托施工时间、土建工程完成时间、施工及验收完成时间等信息，开展质量与时限管控；对于非集体企业承揽的用户工程，落实客户经理职责，接收工程设计、工程施工环节起止时间节点等信息。

4. 明确工程建设协同时限要求

按照《国家电网公司关于进一步提升业扩报装服务水平的意见》（国家电网办〔2015〕1029号）文件精神，全面修订相关的制度规范：① 分解落实业扩报装电网配套工程时限要求；② 制定集体企业承揽业扩报装工程的时限标准；③ 明确重要及特殊客户设计文件会审、联合中间检查、联合验收等协同事项的时限要求，并设置全环节时限预警。全环节时限预警阀值见表3-2。

表3-2　　　　　　　　　全环节时限预警阀值表

模块	环节	责任部门	管控要求	预警阈值
电网配套工程建设	可研编制	运检部	10kV 3 个工作日	10kV 2 个工作日
	可研批复	发展部	10kV 2 个工作日	10kV 1 个工作日
	ERP 建项	运检部	10kV 1 个工作日	—
	设计及审核	设计单位	10kV 7 个工作日，低压 2 个工作日	10kV 5 个工作日 低压 1 个工作日
	物资配送	物资部门	10kV 28 个工作日，低压 2 个工作日	10kV 25 个工作日 低压 1 个工作日
	施工及验收	施工单位	10kV 19 个工作日，低压 6 个工作日	10kV 15 个工作日 低压 4 个工作日
集体企业承揽 10kV 业扩报装工程	工程设计	设计单位	1000kVA 及以下 5 个工作日内完成；1000～3500kVA 8 个工作日内完成；3500kVA 以上 15 个工作日内完成	1000kVA 及以下 3 个工作日内完成；1000～3500kVA 5 个工作日内完成；3500kVA 以上 10 个工作日内完成
	物资供应	物资部门	涉及通用物资招投标项目，18 个工作日内完成；涉及定制物资招投标项目，32 个工作日内完成	涉及通用物资招投标项目 13 个工作日内完成；涉及定制物资招投标项目 27 个工作日内完成
	电气安装	施工单位	高供低计项目 5 个工作日，高供高计项目 15 个工作日内完成	高供低计项目 3 个工作日，高供高计项目 10 个工作日内完成
联合会审验收	重要及特殊客户设计文件会审	运检、发展、调控部门	2 工作日	1 工作日
	重要及特殊客户中间检查	运检、发展、调控部门	2 工作日	1 工作日
	联合验收	运检、发展、调控部门	2 工作日	1 工作日

五、验收送电环节

营销系统内增加业扩报装停（送）电需求管理功能，实现业扩报装意向接电时间等信息向 PMS2.0 推送和结果反馈。

（1）低压业扩报装项目，按照提前 24h 公告的原则纳入临时停电计划管理。由营销系统提前 1 个工作日推送接电需求至 PMS2.0。运检部门根据拓扑关系确定停电范围并编制临时停电计划，并通过 PMS2.0 反馈至营销系统。

（2）10kV 项目，实行周计划管理。营销部门根据受电工程建设进度情况和与客户洽谈的意向接电时间，提前 10 个工作日推送意向接电时间、现场作业条件、搭接点等关键信息至 PMS2.0。运检部门根据现场作业条件优先采用带电作业，确需停电搭接的，根据客户意向接电时间合理确定停（送）电时间，编制停（送）电计划，经调控中心审核后统一发布，并在计划安排后 2 个工作日内通过 PMS2.0 反馈至营销系统。由营销部负责正式答复客户最终接电时间。

（3）35kV 及以上项目，参照 10kV 项目停（送）电计划管理流程，实行月计划管理。

六、新建住宅小区供电工程流程

规范新建住宅小区供电工程管理，取消住宅小区供电方案分级审批，实行直接开放、网上会签或集中会审，同步将住宅小区供电工程业扩报装业务纳入营销系统，实施流程化管理。

住宅小区供电工程业扩报装流程设置业务受理、现场查勘、确定供电方案、答复供电方案、设计审查、中间检查、竣工检验、送电等环节。其中营销部负责业务受理，组织现场查勘、供电方案编制、评审及答复（外部接入系统方案由运检部提供）；运检部负责组织设计审查、中间检查、竣工检验及送电。

收取配套费用的住宅小区供电工程纳入 PMS2.0 工程管理模块管控，并向营销系统实时推送关键环节进程信息；未收取配套费用且由集体企业承接的，由集体企业提供关键环节进程信息。

小区内专变工程按照高压业扩报装管理办法执行。

根据国家电网公司 10kV 住宅小区供电工程有效建设周期 60 个工作日的要

求，对各环节时限进行分解，见表 3 – 3。

表 3 – 3　　　　10kV 住宅小区供电工程全环节时限预警表

模块	环节	责任部门	管控要求	预警阈值
10kV 住宅小区供电工程	ERP 建项	发展部、运检部	5 个工作日	3 个工作日
	工程设计	设计单位	7 个工作日	5 个工作日
	物资供应	物资部门	30 个工作日	25 个工作日
	施工及验收	施工单位	18 个工作日	15 个工作日

第三节　信息内外公开服务

一、业扩报装全流程信息公开

业扩报装全流程信息公开按业扩报装全环节基于跨专业信息系统数据共享，实现业扩报装全流程信息内部协同；依托 95598 网站、手机 APP、手机短信等多种渠道，实现业扩报装全流程信息对内公开共享、对外公开透明。

（一）明确信息公开内容

1. 业务受理

对内共享信息：业扩报装类型、报装容量、地理分布等。

对外公开信息：办电资料、收费标准、业务流程、时限标准等。

2. 供电方案制定

对内共享信息：电网资源（包括变电站、线路负荷受限信息，变电站（开闭所、环网柜）可利用间隔、电缆管沟信息）、电网规划信息、环节处理预警信息等。

对外公开信息：办电进程、供电方案、经办人员信息、需缴纳的业务费用、下一环节应提交的必备资料等。

3. 工程建设

对内共享信息：业扩报装项目包立项及资金、配套工程进度、客户受电工程进度、客户意向接电时间、环节处理预警信息等。

对外公开信息：配套工程进度、集体企业承揽业扩报装工程进程等。

4. 验收送电

对内共享信息：负面清单治理完成情况、停（送）电计划信息、客户意向接电时间、环节处理预警信息等。

对外公开信息：业务办电进程、配合事项和停（送）电计划信息（包括停电区域、停电范围、停电时间）等。

（二）明确信息公开方式

内部信息共享方式：业扩报装信息通过营销系统推送至业扩报装全流程管控模块；电网资源信息、停（送）电计划信息由 PMS2.0 推送至营销系统及业扩报装全流程管控模块；业扩报装项目包立项和资金由 ERP 系统推送至业扩报装全流程管控模块；客户受电工程进度、客户意向接电时间由营销系统推送至业扩报装全流程管控模块。

外部信息公开方式：将业扩报装办电相关信息、配套工程进度、集体企业承揽业扩报装工程进度、停（送）电计划信息通过营业厅、95598 网站（外网）、手机 APP、公共媒体、短信平台等渠道公开。

（三）信息内外公开的监督

各级运营监测（控）中心负责对信息发布情况进行监督，制定信息公开监督方案，明确监督内容和标准。通过业扩报装全流程管控模块监督业扩报装流程各环节对内共享信息的及时性和完整性，监督对外公开信息的准确性，形成跨专业、跨部门的信息协同。

二、负面清单闭环管控

负面清单闭环管理主要包括认定和发布、改造和销号、以及全流程的评价督办等业务。通过跨专业信息系统集成，实现业扩报装接入负面清单系统自动认定和发布；构建负面清单销号机制，开展治理结果系统验证；设置负面清单治理评价标准，并开展落实情况全流程评价。

（一）负面清单认定和发布

1. 负面清单认定

在配网全容量开放管理规范基础上，继续深化负面清单管理，进一步完善电网设备负面清单认定标准，明确进入负面清单范围和算法，确定协同部门职责界面，为电网设备负面清单发布提供数据支撑。

（1）负面清单认定原则。以业扩报装项目"先接入，后改造"为原则，依据 Q/GDW 1519—2014《配电网运维规程》、《国家电网在线安全稳定分析工作管理规定》（国家电网企管〔2014〕747 号）、《国家电网公司 2～3 年滚动分析校核规定》（国家电网企管〔2014〕1212 号）等规定，综合分析 PMS2.0 基础台账信息与设备最大负载率，将供电受限设备划分为预警级、警告级和限制级三类，将警告级和限制级设备纳入负面清单管理。

依据 PMS2.0 设备基础信息，准确梳理并发布各变电站及开关站空余可用间隔数量。

（2）负面清单认定规则。

1）负面清单认定范围及数据来源，见表 3－4。

表 3－4 　　　　　　　　　　负面清单认定范围及数据来源表

序号	设备分类	发布范围	数据来源
1	主变	35、110kV 及 220kV 主变	调度实时数据库、PMS2.0
2	线路	所有 10（20）kV 配网线路	调度实时数据库、PMS2.0
3	公变	所有公用配变	用电信息采集系统、PMS2.0
4	变电间隔	10（20）、35kV 及 110kV 变电间隔	PMS2.0

2）认定标准。主变及公变以监测系统历史实时数据为依据，统计计算设备最大负载率（除去负载率超过 150%的异常数据，取负载率最大的两个月数据的平均值作为周期内设备最大负载率），考虑业扩报装项目预期增加容量，综合评价供电设备受限情况，确定受限等级（最大负载率大于 80%为警告级，最大负载率大于 90%为限制级），并对照标准纳入负面清单。线路设备在考虑最大负载率的基础上进行联络线路 $N-1$ 校验，分析上级主变受限情况，综合上述因素后确定负面清单。

原则上主变和可用间隔按月认定，配网线路和公用配变按日认定。以公变为例，每日对前一日非负面清单内的公变负荷数据进行分析，若前一日最大负荷大于 80%，即纳入疑似清单，按负面清单算法进行校验，若符合标准即动态调整入负面清单。

2. 负面清单发布

（1）发布流程。依据 PMS2.0 的基础数据和相关系统提供的运行数据，按照《设备负面清单计算原则》，系统自动计算主变、配网线路、公变供电能力受限和可用间隔数量，运检部牵头组织会签审核，完成设备分级后推送至营销系统和运营监测系统进行发布。

（2）发布内容。负面清单内容包括设备管辖单位、设备编号、设备名称、设备型号、设备分类、设备容量、年最大负荷、年最大负载率、纳入负面清单时间、整改措施、预期完成时间。通过门户网站（内网）定期发布业扩报装接入电网受限负面清单、可用间隔等电网资源信息。同时，在业扩报装全流程管控模块提供负面清单实时展示功能：① 按区域、设备分类展示负面清单数量和负面清单明细；② 提供业扩报装接入实时查询，可针对具体业扩报装项目查询接入设备开放情况；③ 开展跟踪通报，提醒按期完成整改；④ 实时销号通报，及时通报负面清单整改完成情况。负面清单计算发布流程如图 3-4 所示。

（二）负面清单改造和销号

1. 规范负面清单设备业扩报装接入管理

按照"先接入、再改造"和"符合规划、安全经济、就近接入"的原则，确定客户接入的公共连接点，并同步加快负面清单整改进度。限制级负面设备原则上选择周围的其他非负面清单设备作为电源点。

2. 加快负面清单设备改造治理进度

对于已经发布的主配网负面设备，优先列入整改计划，明确责任分工和处理时限，并通过 PMS2.0 对重要整改节点实施监控。原则上所有负面清单设备的改造项目全部纳入年度配网基建项目包管理，但在年度配网基建项目资金有限的情况下，限制级负面设备优先列入改造计划。若因 35kV 及以上主网设备运行稳定性、$N-1$ 原则等问题受限导致 10（20）kV 设备进入负面清单，需加快实施主网增容布点等解决措施，力求 35kV 主网在一年半内完成整改，110kV 主网在两年内完成整改。

（1）规范改造项目实施。每年运检部根据营销系统提供的用户业扩报装需求预测，提出负面清单设备改造需求，形成负面清单改造基建项目需求。发展

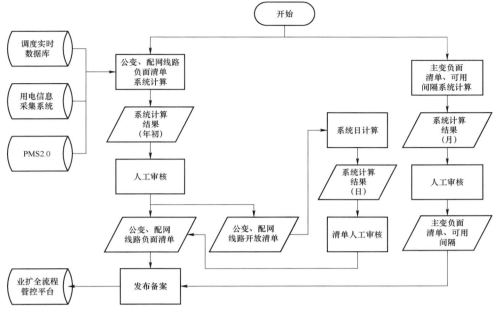

图 3 - 4　负面清单计算发布流程

部负责将已批复的负面清单改造基建项目纳入下一年度综合计划建议，通过规划设计平台获取项目编码后，下达预安排计划并在 ERP 中建项，运检部牵头完成负面清单改造项目的实施。

对因红线审批、政策处理等客观原因造成改造工程受阻，运检部每月汇总本单位受阻工程清单，会同营销部审批确认后，由营销部牵头以公司名义将改造工程受阻情况报当地政府备案。

（2）分解改造项目时限。落实"对于电网接入受限项目，先接入、后改造，低压、10kV 项目有效建设周期分别不长于 10 个、120 个工作日"的要求，细化项目环节分解，明确各环节时限标准。其中，10kV 工程，设计 15 个工作日完成，物资配送 45 个工作日完成，工程施工及验收 60 个工作日完成；低压工程，设计 2 个工作日完成，物资领用 2 个工作日完成，工程施工 6 个工作日完成。

（三）建立负面清单验证销号机制

1. 建立销号验证流程

在 PMS2.0 系统中开发完善负面清单销号管理流程。当设备运行单位完成配网设备治理以后，在系统中填写处理情况、处理完成时间、验收人等信息，申请销号。系统接到销号流程后，按销号算法进行系统核验：若通过验证，则从负面清单中剔除该条记录，并推送给营销系统和运营监测平台；若未通过验证，则退回设备运行单位重新治理。负面清单设备改造流程如图3－5所示。

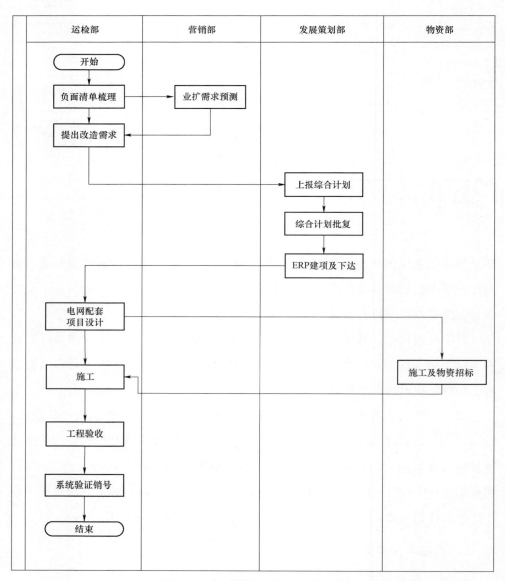

图3－5　负面清单设备改造流程图

2. 明确校验算法

（1）主变及配变。接到负面清单销号申请后，系统自动调用负面清单计算程序，用近一年的数据来进行验证。

（2）线路设备。接到负面清单销号申请一个月以后，系统自动调用负面清单计算程序，用近一个月的数据来进行验证。

（四）负面清单全流程评价督办

1. 实施改造项目信息化管理

以负面清单改造项目全流程管控为目标，在PMS2.0中完善配网工程项目管理模块，加强项目实施关键环节数据集成和动态管控，实现相关系统间全流程各环节数据交互。

2. 实现改造项目全流程评价督办

在业扩报装先接入、后分流、再整改的前提下，严格按负面清单整改周期规定，评价并督促项目落实。完善业扩报装全流程管控模块功能，设置评价指标，包括负面清单占比、业扩报装接入受限个数、负面清单整改及时率等，实现负面清单处理结果的自动跟踪分析和定期评价督办功能。

第四节　互联网＋业扩报装服务

互联网＋业扩报装服务运营模式实现了前端线上受理和后端现场服务的无缝对接，支撑线上业务高效运作；加强线上办电全过程与客户互动，推行客户电子化签名，实施全过程电子化作业，提升客户体验。

一、互联网＋业扩报装服务业务模式

建立地市（县）供电服务调度中心为核心的互联网＋业扩报装服务线上受理、集约派工、过程管控、能力调度的四位一体工作机制。

1. 客户线上自助办电

客户可通过95598网站（外网）、手机APP、移动作业终端等电子渠道，自助办理高低压业扩报装业务，电子座席人员对客户在线提交的资料进行集中审核，并按照"一证受理"要求启动营销系统相关流程。

2. 服务资源集中调度

供电服务调度中心实现客户预约挂单和服务承载能力管理，对低压业扩报装开展集中约时和派工，加强业扩报装前端受理量与后端服务能力监控，协调后端季节性、时段性增减服务能力，实现需求与能力最佳匹配。

3. 服务过程集中管控

业扩报装现场勘查、竣工验收、装表接电环节，现场作业人员在到达现场和工作结束时，通过电话（移动作业终端）向供电服务调度中心进行工作状态确认。供电服务调度中心对客户约时兑现、装表接电及时性进行跟踪催办、系统校核和客户回访，实现时限与质量管控。

二、信息互动

1. 线上受理

客户可通过95598网站（外网）、手机APP填写相关信息，上传相关证件，并填写手机校验码；验证通过后，电子座席人员通过电话与客户联系，确认客户申请需求，主动预约现场服务时间，实现办电需求的互动确认。

2. 电子资料传递

客户在业务办理过程中，可通过95598网站（外网）、手机APP上传相关附件资料；电子座席人员核实资料的有效性，对资料准确性存在疑问的，通过电话与客户联系确认，提醒客户通过线上渠道重新提交。

3. 服务提醒

客户在业务办理过程中，在业务受理、答复供电方案、设计文件审核、中间检查、竣工检验、装表接电等关键环节前后，可通过95598网站（外网）、手机APP、短信平台收到服务提醒。提醒的内容包括流程环节完成时间、经办人员信息、业务收费信息、客户需准备的资料和配合事项等。

4. 进度催办

客户对于业扩报装进程不满意的，可直接通过95598网站（外网）、手机APP发出催办，说明不满意事项；由电子座席人员确认核实后发起内部协调督办工单，责任部门应尽快安排处理，电子座席人员一口对外答复客户，实现客户催办闭环管理。

5. 客户评价

客户办电结束后，可通过95598网站（外网）、手机APP线上渠道，对本次办理的业务进行满意度评价；对回访周期内客户未在线上渠道反馈的流程，也可由电子座席完成回访工作。

对于回访不满意工单，由服务管控人员发起内部协调督办工单，责任部门应分析不满意原因并及时整改，并将整改结果反馈客户。服务管控人员对整改情况及时限进行统一管控，实现回访的双向互动和不满意工单的闭环管理。

三、流程电子化管理

1. 全过程电子化作业

在业扩报装现场作业环节全面推广应用移动作业终端，原则上取消所有纸质单据，仅保留法人客户业务申请单、供电方案答复单、供用电合同三类纸质档案。

现场服务人员通过移动作业平台拍照上传、红外线扫描、电子表单录入等方式，实现现场电子化收资、装接示度自动采集、单据现场打印、流程环节现场发送，形成电子档案并自动归档。完善电子档案生成、保存、查询、借阅、销毁等作业流程，实现电子档案全寿命周期管理。

2. 推行客户电子化签名

增加营销系统、现场作业终端电子化签名功能，支持营业厅受理、现场勘查、中间检查、竣工检验、装表接电等环节的客户电子签名。

居民客户实现供用电合同线上一键式签约；试点开展低压非居及高压客户供用电合同线上传阅和签约。

第五节 全流程指标监控

业扩报装全流程管控平台通过建立业扩报装全流程实时预警、业扩报装全环节指标评价机制，建立覆盖决策层、管理层、执行层的问题闭环处理机制，实现全流程指标监控和闭环管理，提高报装专业协同管理水平。

一、业扩报装全流程实时预警

将高压业扩报装全过程按照供电方案答复、电网配套工程建设、客户受电工程建设、装表接电划分为 4 个业务环节，设置 22 项预警指标。在营销业务应用系统开发业扩报装全流程管控预警模块，实现指标数据自动采集。各业务阶段预警指标见表 3－5。

表 3－5 各业务阶段预警指标表

业务阶段	预警指标
供电方案答复	供电方案答复环节预警、高压客户联合勘查环节预警、供电方案会签环节预警、35kV 供电方案拟定环节预警、110kV 接入系统设计要求拟定环节预警、110kV 接入系统可研及供电方案编制环节预警、110kV 供电方案批复环节预警
电网配套工程建设	电网配套工程环节预警、10kV 配套工程设计环节预警、配套工程物资配送环节预警、配套工程施工及验收环节预警
客户受电工程建设	10kV 客户受电工程设计环节预警、设计文件审核环节预警、重要及特殊客户设计文件会审环节预警、客户工程物资供应环节预警、客户工程电气安装环节预警、中间检查环节预警、竣工检验环节预警、联合验收环节预警
装表接电	停送电计划安排并反馈环节预警、接电计划实施环节预警、装表接电环节预警

落实运监中心工作职责，根据管控模块的预警信息，实时监控业扩报装各环节工作进度，通过短信推送、工作督办单等方式发起预警督办流程；被催办部门根据督办信息核实处理并反馈。预警环节完成后，系统自动对该异动进行销号。业扩报装全过程管控预警信息界面如图 3－6 所示。

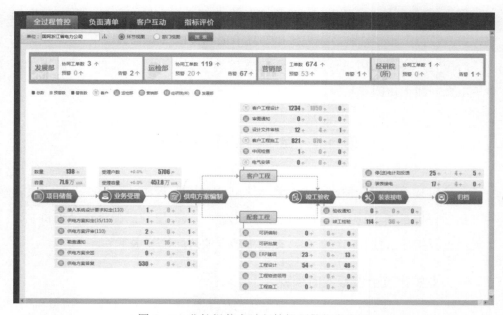

图 3－6　业扩报装全过程管控预警信息界面

二、业扩报装全环节指标评价

全面梳理业扩报装关键评价指标，建立业扩报装总体效率、营销环节工作效率、协同环节工作效率、集体企业工作效率、业扩报装项目包资金使用等五大主题 33 项评价指标。业扩报装全环节指标评价见表 3－6。

表 3－6　　　　　　　　　　业扩报装全环节指标评价表

指标类型	指标内容	评价目的
总体评价类	全流程平均时长 意向接电时间满足率 超短流程个数及占比 异常终止流程个数及占比 客户回访满意度	反应整体满足客户意向接电时间情况，以及系统流程环节可能与实际存在不符的情况，实现对业扩报装工作整体工作效率以及全过程服务情况的评价
营销类	业扩报装服务时限达标率 答复供电方案时限达标率 答复供电方案平均时长 设计文件审核时限达标率 中间检查时限达标率 竣工检验时限达标率 装表接电时限达标率	反映业扩报装营销五大环节服务及时性，实现对营销内部工作质量和效率的评价
协同类	协同功能应用率 协同反馈及时率 供电方案编制时限达标率（35kV） 确定供电方案时限达标率（110kV） 配套工程时限达标率 配套工程设计时限达标率 配套工程物资配送时限达标率 配套工程施工验收时限达标率 送（停）电计划流程应用率 送（停）电计划反馈及时率 送（停）电计划安排到位率 10kV 架空线路带电化作业率 负面清单占比 业扩报装接入受限个数 负面清单整改及时率	反映各专业业扩报装协同工作配合效率、供电方案编制效率、电网配套工程建设及时性、停（送）电计划安排效率、带电作业开展情况，满足客户接电需求的能力，业扩报装受限情况和整改及时性，实现对协同部门满足客户需求能力进行评价
集体企业类	客户工程设计平均时长 集体企业设计平均时长 客户工程施工平均时长 集体企业施工平均时长	反映集体企业承揽客户受电工程的设计、施工时长情况，实现对集体企业工作效率的评价
业扩报装项目包类	业扩报装配套工程项目包创建情况 业扩报装配套工程项目包资金完成情况	反映业扩报装配套工程基建、技改项目包下达情况，项目资金使用情况，实现按季度对项目资金完成情况的评价

开发业扩报装全流程管控指标评价模块，实现指标自动采集、自动生成。落实运营监控中心监控职责，每月发布业扩报装全流程管控专题监测报告，对

业扩报装工作进行全面评价。对各单位指标进行横向对比，反映各单位业扩报装整体效率；对各专业部门协同工作进行评价，反映各部门在业扩报装工作中的协同效率；通过各指标纵向对比，反映月度变化趋势及同期、环比情况。业扩报装全流程指标评价界面如图 3-7 所示。

图 3-7　业扩报装全流程指标评价界面

三、落实跨层级闭环管理

建立覆盖决策层、管理层、执行层的问题闭环管理机制，各级运营监控中心发挥第三方监测作用，通过履行协调控制、辅助决策职能，推进业扩报装专业协同管理水平提升。各部门（单位）对产生问题的原因进行穿透分析，有针对性地制定整改措施，并转化为工作事件，明确工作内容、责任人、整改期限；运营监控中心对问题处理进行全过程管控，实时跟踪进度，审查整改分析报告，评估整改情况并及时通报；对整改不力的专业部门提出考核意见，纳入业绩考核。

第四章 业扩报装全流程信息公开与实施管控系统操作规范

本章通过系统操作相关图例说明，介绍业扩报装全流程信息公开与实施管控系统的具体操作步骤。

第一节 营销 SG186 系统业务改造部分操作说明

本次营销业务改造涉及六个流程类型，即业扩报装项目储备入库、高压新装、高压增容、送（停）电计划报送、住宅小区供电工程管理、园区配套建设流程。

一、项目储备

1. 项目储备入库

改造原用电大项目前期咨询流程，调整为信息收集、拟定前期咨询意见、答复前期咨询意见、归档四大环节。拟定前期咨询意见、项目储备库查询功能通过企业门户发送至发展、运检部门，实现业扩报装项目储备库的协同管理。项目储备入库流程如图 4-1 所示。

（1）信息收集，即原先的业务受理。支撑客户经理收集项目区域、容量情况、负荷特点等基础信息，并支持电子版资料上传。项目区域可通过 GIS 定位获取用电区域位置信息。

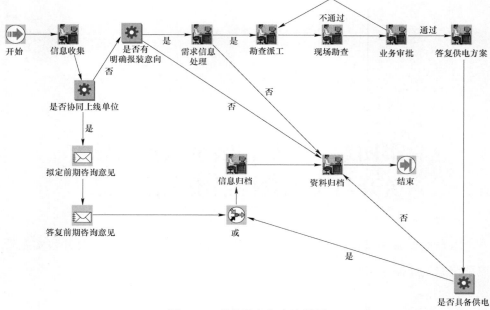

图 4-1　项目储备入库流程图

操作角色：受理人员、客户经理。

操作路径：登录营销系统，点击新装增容及变更用电→业务受理→功能→业扩报装项目储备入库（浙江），营销系统业扩报装项目储备入库界面如图 4-2 所示。

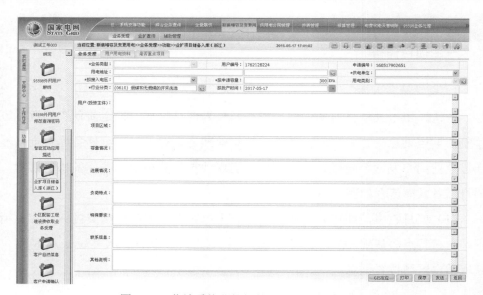

图 4-2　营销系统业扩报装项目储备入库界面

录入项目相关信息后，点击【保存】按钮，生成流程号。确定录入的数据无误后，然后点击【发送】，显示发送成功提示框，发送至下一环节。消息提示框如图4－3所示。

（2）拟定前期咨询意见（协同）。由经研院（所）、运检部等相关协同人员通过企业门户开展前期咨询意见的拟定工作。

操作角色：大_协同人员。

图4－3　消息提示框

操作路径：登录企业门户→待办。企业门户待办任务界面如图4－4所示。

图4－4　企业门户待办任务界面

点击待办中的拟定前期咨询意见，选择处理该工单，营销系统拟定前期咨询意见界面如图4－5所示。

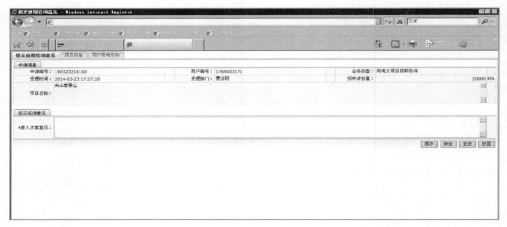

图4-5 营销系统拟定前期咨询意见界面

录入接入方案意见等相关信息后，单击【保存】，确认无误后点击【发送】按钮，提示发送成功，营销流程自动跳转至答复前期咨询意见。

（3）答复前期咨询意见。

1）由营销客户经理将协同部门拟定的接入方案意见答复给客户，同时明确下一步的协同部门人员，进一步说明储备库项目进展情况。

操作角色：客户经理。

操作路径：登录营销系统→待办工作单。营销系统待办工作单界面如图4-6所示。

图4-6 营销系统待办工作单界面

单击【项目进展信息】填写，选择协同部门人员。营销系统协同部门人员选择界面如图 4-7 所示。

图 4-7 营销系统协同部门人员选择界面

找到协同处理人员，单击人员姓名，弹出任务发起成功对话框，如图 4-8 所示。

图 4-8 任务发起成功对话框

录入接入方案意见等相关信息后，单击【保存】，确认无误后点击【发送】按钮，提示发送成功。

2）由经研院（所）、运检部等相关协同人员补充该储备项目的最新进展情况，并及时反馈。

操作角色：大_协同人员。

操作路径：企业门户→待办任务。营销系统项目进展情况界面如图4-9所示。

图4-9　营销系统项目进展情况界面

客户经理在协同部门反馈协同意见后下发该环节。

（4）归档。包括信息归档和资料归档两个归档环节。完成资料归档后，实现项目储备库管理。

2. 项目储备库退库

对于不转入正式受理且过期的项目，可通过项目储备库退库流程进行退库处理。项目储备库退库流程如图4-10所示。

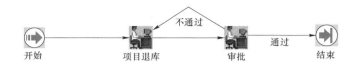

图 4－10　项目储备库退库流程图

（1）储备项目退库。

操作角色：客户经理。

操作路径：登录营销系统，选择新装增容及变更用电→辅助管理→项目储备库退库。项目储备库退库界面如图 4－11 所示。

录入退库原因，点击【保存】按钮，生成流程号。

图 4－11　项目储备库退库界面

点击右下角【新增】按钮，弹出查询储备项目对话框，输入查询条件，选择需要退库的储备库项目，点击【确定】。查询储备库项目对话框如图 4－12所示。

图 4-12　查询储备库项目对话框

若一次性有多个项目退库，或误选非退库项目，使用右下角的【新增】【删除】按钮，可以在储备项目退库明细新增或删除储备项目。确认无误后，点击【发送】按钮，流程发送至审批环节。

（2）审批。审批不通过流程回退至项目退库环节；审批通过则完成项目储备退库操作，并结束当前流程。

操作角色：客户经理班长。

操作路径：登录营销系统→工作任务→待办工作单。

录入审批结果，点击【保存】按钮，然后点击【发送】按钮。若审批通过，流程结束。审批界面如图 4-13 所示。

3. 项目储备转正式受理

高压新装、高压增容流程【答复供电方案】发送成功后，由系统自动确认项目储备是否退库。在【现场勘查】环节关联储备项目时，是否退库选择"是"，储备项目退库；选择"否"，储备项目不退库。

图 4 - 13　审批界面

（1）关联项目储备。

操作角色：客户经理。

操作路径：高压新装（增容）→现场勘查→关联储备项目。关联储备项目界面如图 4 - 14 所示。

图 4 - 14　关联储备项目界面

（2）项目储备库查询。可查询项目储备情况，包括在库、退库信息。

操作角色：客户经理、客户经理班长。

操作路径：登录营销系统，选择新装增容及变更用电→辅助管理→项目储备库查询。项目储备库查询界面如图4-15所示。

二、高压新装及高压增容

改造高压新装及高压增容流程，增加项目标签、是否业扩报装受限自动获取、配套工程是否需核准、配套分支流程改造等功能。存在配套工程时，全流程管控试点单位将按新的配套分支流程流转。

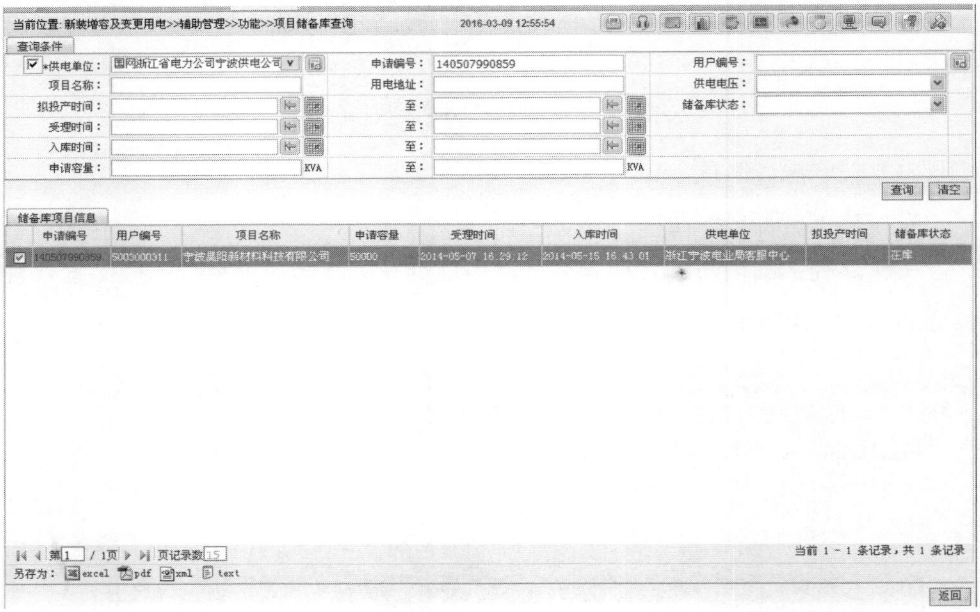

图4-15 项目储备库查询界面

高压新装及增容改造前流程如图4-16所示，改造后流程如图4-17所示。

1. 业务受理

在业务受理中增加重点项目标签确认功能，如图4-18所示。重点项目分为国家级重点项目、省级重点项目、市级重点项目、县级重点项目。

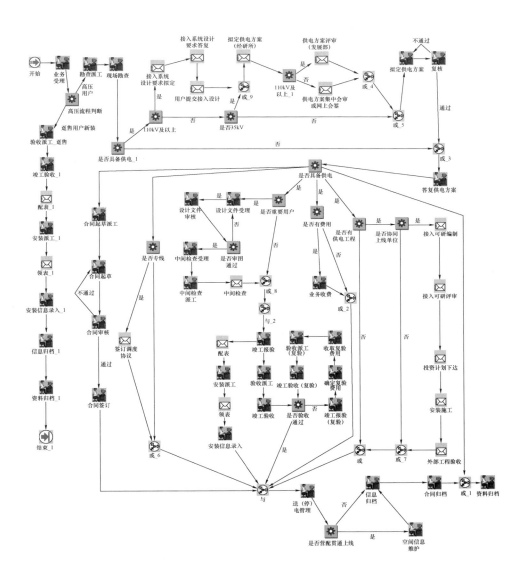

图4-16　高压新装及增容改造前流程图

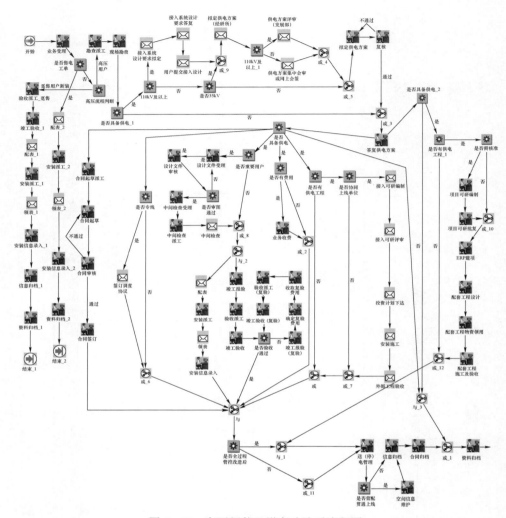

图 4-17　高压新装及增容改造后流程图

图 4-18　业务受理→是否重点项目标签界面

2. 现场勘查

（1）重点项目标签。增加重点项目标签确认功能，如图4-19所示。重点项目分为国家级重点项目、省级重点项目、市级重点项目、县级重点项目。

图4-19　现场勘查→是否重点项目标签界面

（2）业扩报装是否受限标识，可由营配平台的电源辅助设计方案自动生成。电源辅助设计方案中选择负面清单线路时，业扩报装是否受限标识为"是"，反之则为"否"。电源辅助设计选项图如图4-20所示，业扩报装勘查信息界面如图4-21所示。

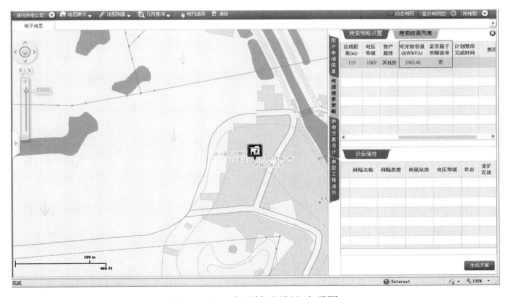

图4-20　电源辅助设计选项图

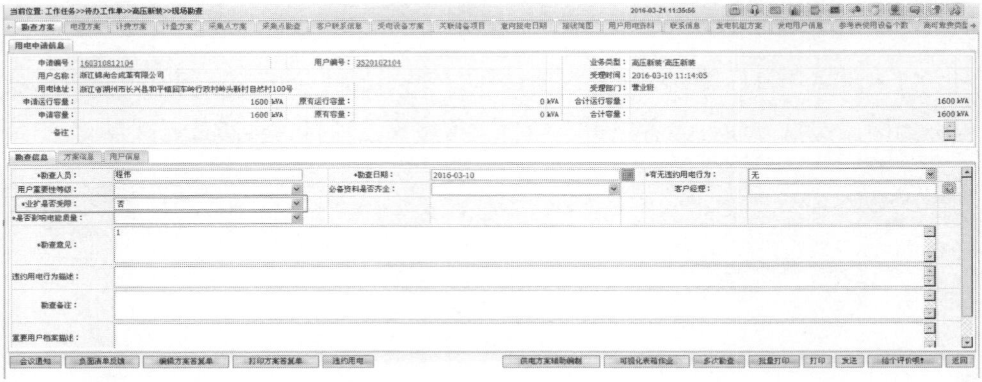

图4-21　业扩报装勘查信息界面

3. 拟定供电方案

增加配套工程"是否需核准"属性，新增"是否需核准"TABLE页，由客户经理手工选择，当"是否有工程"选择含配套工程时，该选项必填。是否需核准选项界面如图4-22所示。

图4-22　是否需核准选项界面

4. 配套工程分支

对于需要核准的，项目流程按照项目可研编制、可研批复、ERP建项、工程设计、物资供应、工程施工六大环节进行；对无需核准的，按照ERP建项、工程设计、物资供应、工程施工四个环节进行。

操作角色：大_配套工程人员。

操作路径：企业门户→待办。

（1）内部信息共享。配套工程子流程每个环节，增加内部共享的信息查询页面，显示意向接电日期及变更记录、营销环节进程信息、配套工程流程进程信息。信息查询界面如图4-23所示。

图 4-23　信息查询界面

（2）项目可研编制。改造后的高压流程，在答复供电方案发出后，具备供电条件且【是否有工程】选含配套工程的，会同时触发原高压流程分支和配套工程分支。对于需核准的项目，流程跳转至项目可研编制环节。

操作角色：大_配套工程人员。

操作路径：登录企业门户→营销待办。项目可研编制界面如图 4-24 所示。

图 4-24　项目可研编制界面

（3）项目可研批复。项目可研编制环节发送后，流程跳转至项目可研批复。

操作角色：大_配套工程人员。

操作路径：登录企业门户→营销待办。项目可研批复界面如图4-25所示。

图4-25　项目可研批复界面

（4）ERP 建项。对于项目需核准的流程，项目可研批复环节下发后，流程跳转至 ERP 建项环节；对项目不需核准的流程，答复供电方案环节下发后，流程直接跳转至 ERP 建项环节。

操作角色：大_配套工程人员。

操作路径：登录企业门户→营销待办。ERP 建项界面如图4-26所示。

图4-26　ERP 建项界面

注意：ERP 建项环节，可根据是否核准跳转给发展部或运检部，ERP 建项是否核准跳转界面如图 4－27 所示。

图 4－27　ERP 建项是否核准跳转界面

（5）配套工程设计。【ERP 建项】环节发送后，流程跳转至配套工程设计。

操作角色：大_配套工程人员。

操作路径：登录企业门户→营销待办。配套工程设计界面如图 4－28 所示。

图 4－28　配套工程设计界面

（6）配套工程物资领用。配套工程设计环节发送后，流程跳转至配套工程物资领用环节。

操作角色：大_配套工程人员。

操作路径：登录企业门户→营销待办。工程物资领用界面如图4-29所示。

图4-29　工程物资领用界面

（7）配套工程施工及验收。配套工程物资领用环节发送后，流程跳转至配套工程施工及验收环节。

操作角色：大_配套工程人员。

操作路径：登录企业门户→营销待办。工程施工验收界面如图4-30所示。

图4-30　工程施工验收界面

5. 竣工验收

竣工验收时，由客户经理记录客户受电工程信息。客户受电工程信息主要是工程设计施工信息，必须填写完整才允许流程下发。工程设计施工信息填写界面如图 4－31 所示。

图 4－31　工程设计施工信息填写界面

（1）客户工程信息录入。客户工程信息录入属于流程外功能，客户经理收集到客户工程信息后进行录入。

操作角色：客户经理。

操作路径：登录营销系统→新装增容及变更用电→辅助管理→客户工程信息录入。客户工程信息录入界面如图 4－32 所示。

（2）业务联系单位维护。用于维护设计单位及施工单位信息，其中，是否集体企业由选项"经济类型"划分，选择"集体"即为集体企业，其他均为非集体企业。

操作角色：系统管理员。

操作路径：登录营销系统→客户关系管理→业务联系单位→功能→档案管理。档案管理界面如图 4－33 所示。

图 4-32　客户工程信息录入界面

图 4-33　档案管理界面

　　点击右下方【新增】按钮，弹出业务联系单位维护对话框，如图 4-34 所示，录入单位名称、单位类型、经济类型、法人代表、建立时间、第一次合作时间、联系人、联系电话、详细地址、合作范围等信息，保存成功。

图 4-34 业务联系单位维护对话框

（3）项目包信息录入。由客户经理手工录入 35kV 及以下业扩报装配套项目的项目包信息，明确该项目包的供电单位、年份、项目包类型、项目包编码、项目总资金规模。

操作角色：客户经理、客户经理班长。

操作路径：登录营销系统→新装增容及变更用电→辅助管理→功能→项目包信息录入。项目包信息录入界面如图 4-35 所示。

图 4-35 项目包信息录入界面

三、送停电计划管理

1. 送停电计划报送

本次将"装表临时用电"纳入送停电计划报送范围；增加展示字段搭接点，默认取系统字段产权分界点，并允许手工修改；增加附件上传功能。

操作角色：客户经理。

操作路径：登录营销系统→新装增容及变更用电→辅助管理→功能→送（停）电计划报送。送（停）电计划报送界面如图4-36所示。

选择供电单位，录入计划内容、计划描述等信息后，点击【保存】按钮，提示保存成功，并生成流程号。

图4-36　送（停）电计划报送界面

点击右下角【新增】按钮，弹出在途高压流程查询界面，如图4-37所示。输入查询条件，点击【查询】按钮，选择高压流程，点击【确定】。

录入客户意向接电日期，产权分界点设备等信息后，单击【保存】按钮，然后发送，流程发送至下一环节。

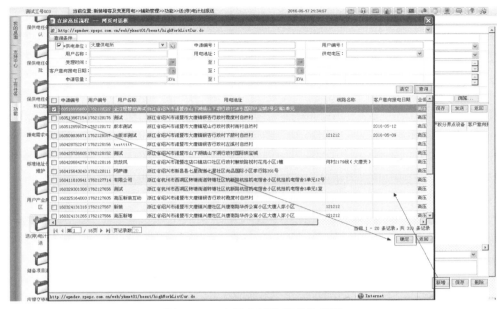

图4-37　在途高压流程查询界面

2. 送停电计划反馈

反馈时填写安排送电日期，系统根据安排送电日期来判断。如果是下周结束之前的日期则"是否安排送电"下拉框置为"是"，否则置为"否"

操作角色：大_协同人员。

操作路径：登录企业门户→营销待办。送（停）电计划信息界面如图4-38所示，送（停）电计划明细界面如图4-39所示。

保存送停电计划明细，发送流程，流程结束。

图4-38　送（停）电计划信息界面

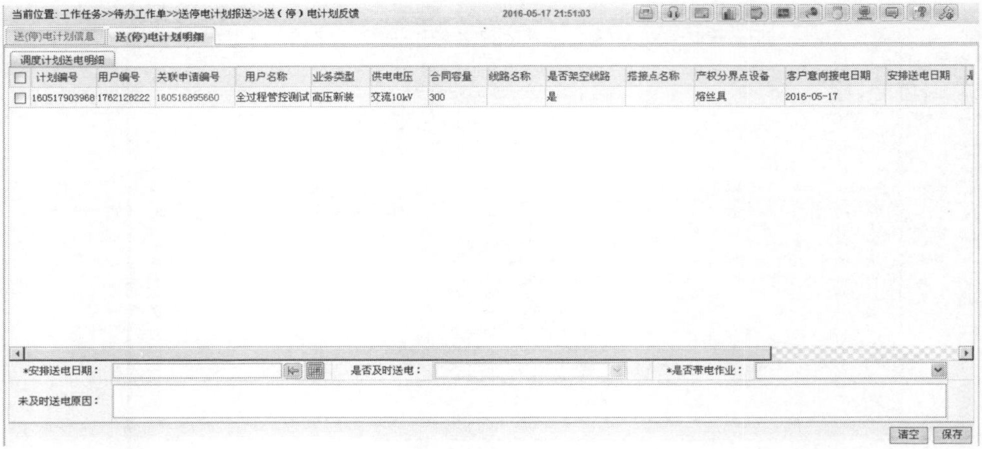

图 4-39　送（停）电计划明细界面

3. 送停电计划查询

查询送停电计划信息，增加展示字段产权分界点（搭接电）、停电范围、是否带电作业，提供清单导出功能。

在途流程处理人员查询可用自定义查询：送停电计划报送处理人查询（在途）。

操作角色：客户经理、客户经理班长。

操作路径：登录营销系统→新装增容及变更用电→辅助管理→功能→送（停）电计划查询。送（停）电计划查询界面如图 4-40 所示。

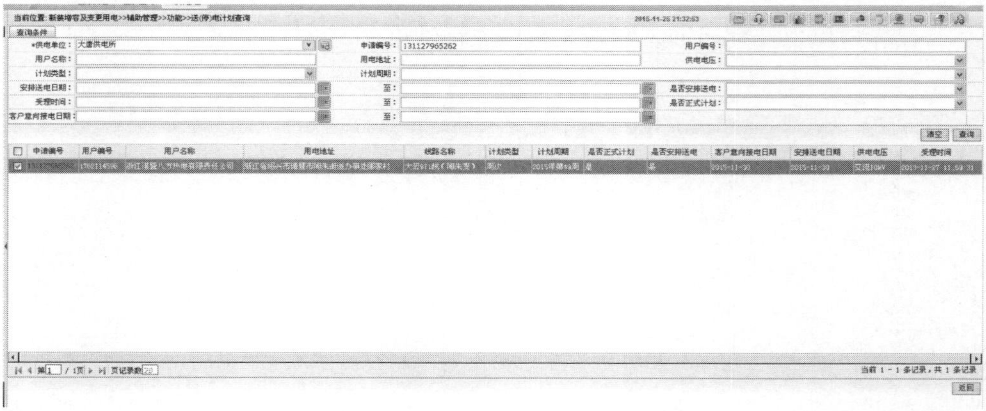

图 4-40　送（停）电计划查询界面

四、住宅小区供电工程管理

改造原有配套费分支，拆分【工程实施】环节为 ERP 建项、配套工程设计、配套物资领用、配套工程施工。

操作角色：受理人员。

操作路径：新装增容及变更用电→业务受理→功能→小区配套工程建设费收取业务受理。

住宅小区供电工程管理改造前流程如图 4-41 所示，改造后流程如图 4-42 所示。

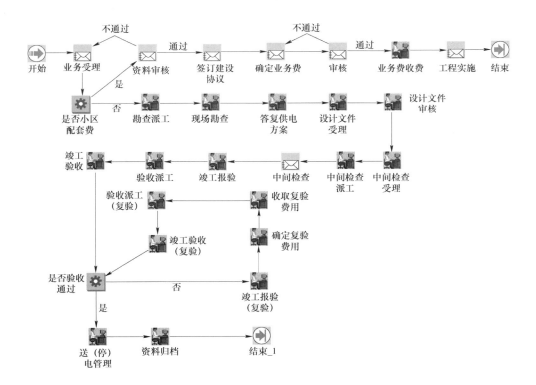

图 4-41 住宅小区供电工程管理改造前流程图

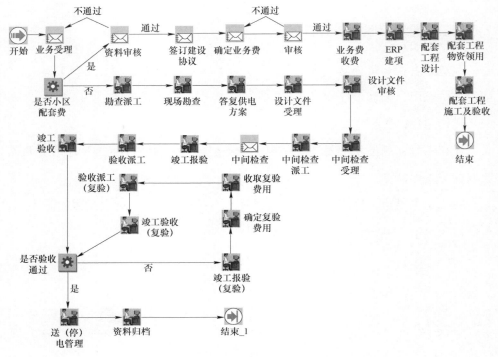

图4-42　住宅小区供电工程管理改造后流程图

1. ERP 建项

流程改造后，原有配套费分支中业务费收费环节下发后，流程跳转至 ERP 建项环节，如图4-43所示。

图4-43　ERP 建项界面

操作角色：大_配套工程人员。

操作路径：登录企业门户→营销待办。

录入项目编号、项目名称，保存并发送。

2. 配套工程设计

ERP 建项环节发送后，流程跳转至配套工程设计环节，如图 4-44 所示。

图 4-44　配套工程设计界面

操作角色：大_配套工程人员。

操作路径：登录企业门户→营销待办。

录入设计完成时间、设计文件送审时间、设计审核完成时间、需求上报时间，并上传附件，保存并发送。

3. 配套工程物资领用

配套工程设计环节发送后，流程跳转至配套工程物资领用环节，如图 4-45 所示。

操作角色：大_配套工程人员。

操作路径：登录企业门户→营销待办。

录入物资分类、物资领用完成时间，保存并发送。

4. 配套工程施工及验收

配套工程物资领用环节发送后，流程跳转至配套工程施工及验收环节，如图 4-46 所示。

图 4－45　配套工程物资领用界面

图 4－46　配套工程施工及验收界面

操作角色：大_配套工程人员。

操作路径：登录企业门户→营销待办。

录入施工开始时间、施工完成时间、送电时间，保存并发送。

五、园区配套建设流程

本业务在客户经理主动收集政府招商引资或客户来函、来访提出的园区配套电网建设需求后，对园区的配套工程建设进行管理，包括需求确认、接入系统意见拟定、项目可研编制、项目可研批复、ERP 建项、配套工程设计、配套物资领用、配套工程施工和归档九个业务子项。

1. 园区配套电网建设需求确认

接收园区配套电网建设需求，完善电网配套建设需求信息，转入后续流程处理。

园区配套建设业务受理界面如图 4-47 所示。

图 4-47　园区配套建设业务受理界面

2. 拟定前期咨询意见

同项目储备入库中拟定前期咨询意见环节。

3. 项目可研编制

同高压新装中项目可研编制环节。

4. 项目可研批复

同高压新装中项目可研批复环节。

5. ERP 建项

同高压新装中 ERP 建项环节。

6. 配套工程设计

同高压新装中配套工程设计环节。

7. 配套工程物资领用

同高压新装中配套工程物资领用环节。

8. 配套工程施工及验收

同住宅小区中工程施工环节。

9. 归档

同资料归档环节。

第二节 精益化管控平台

业扩报装全流程信息公开与实时管控平台操作说明如下：

操作角色：大_全过程管控人员。

操作路径：营销系统→全景展示→精益化管控，精益化管控界面如图4-48所示。

图4-48　精益化管控界面

选择浙江营销业务精益化管控平台→业扩报装全流程管控→全过程管控，全过程管控界面如图4-49所示。

一、全景展示

全景展示分为全过程管控、负面清单、客户互动、指标评价四个模块。

图 4-49　全过程管控界面

1. 全过程管控

（1）环节视图。全过程管控环节视图如图 4-50 所示。

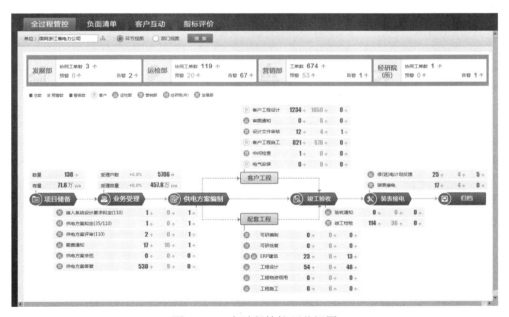

图 4-50　全过程管控环节视图

（2）部门视图。全过程管控部门视图如图 4-51 所示。

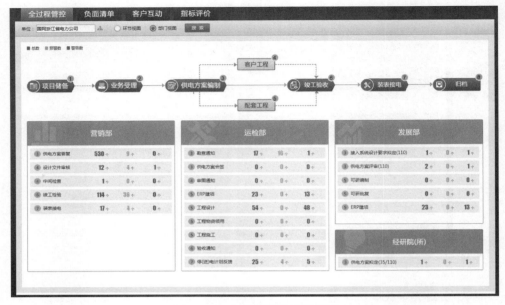

图4-51 全过程管控部门视图

1）项目储备。项目储备视图如图4-52所示。

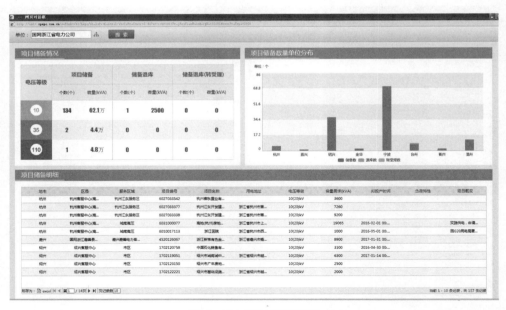

图4-52 项目储备视图

2）业务受理。业务受理视图如图4-53所示。

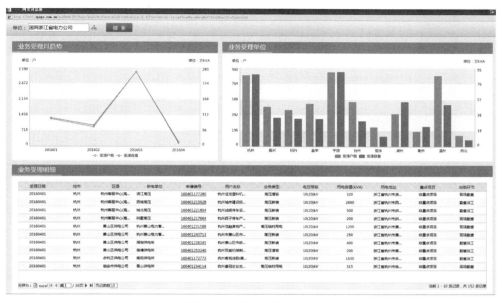

图 4-53　业务受理视图

3）催督办。催督办视图如图 4-54 所示。

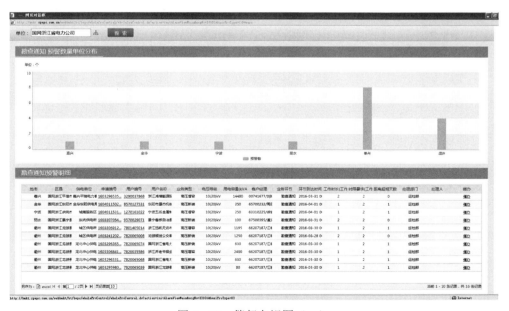

图 4-54　催督办视图（一）

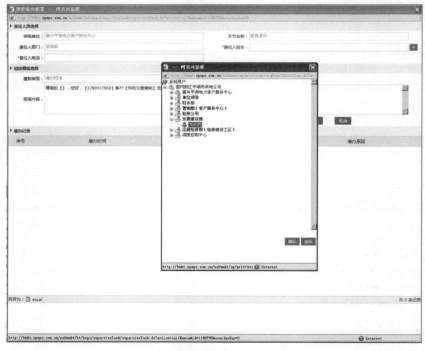

图 4-54　催督办视图（二）

2. 负面清单

负面清单视图如图 4-55 所示。

图 4-55　负面清单视图

3. 客户互动

客户互动视图如图4-56所示。

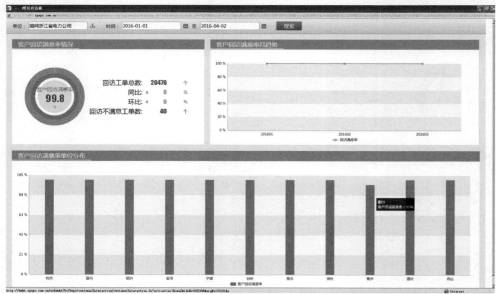

图4-56 客户互动视图

4. 评价指标

评价指标视图如图4－57所示。

图4－57　评价指标视图

二、客户经理工作台

客户经理工作台视图如图4－58所示。

图4－58　客户经理工作台视图

思　考　题

1. 通过全流程管控平台的应用，提高了哪些环节的协同效率？

第五章　业扩报装全流程第三方监测

本章通过业扩报装全流程管控的指标体系、第三方监测工作内容及工作机制等内容，介绍业扩报装全流程第三方监测的范围、内容及成效。

第一节　业扩报装全流程管控指标体系

在业扩报装全流程管控项目实施之前，业扩报装服务中除营销环节外，配套工程建设、联合查勘、停送电计划报送及反馈等跨专业协同的工作内容均在线下流转，这是业扩报装全流程时限超长的重要原因。因此，要提升业扩报装服务效率，提高报装管理水平，实现业扩报装专业协同全流程线上流转和在线监控成为当务之急。结合当前业扩报装服务专业协同机制，通过设置涵盖业扩报装提速总体情况、营销环节总体效率、协同环节总体效率以及客户环节总体效率的 30 项指标，并按照"全流程系统优化、全业务数据量化、全环节时限管控、全过程信息公开"原则，依托业扩报装全流程管控平台，开展指标实时在线管控，实现服务过程集中管控，服务后台高效协同。

根据业务管控标准，从供电方案答复、客户工程设计、客户工程施工、配套工程、装表接电、负面清单管理、协同效率七个模块中提炼出四项主题，共 30 项事后评价指标，形成业扩报装全流程管控指标体系，如图 5-1 所示。

一、业扩报装全流程总体指标

业扩报装全流程总体指标包括全流程平均时长、意向接电满足率、超短流程个数及占比、异常终止流程个数及占比，见表 5-1。

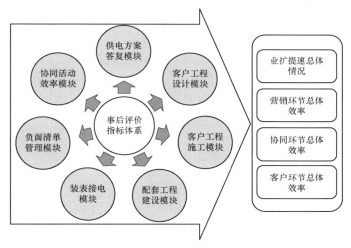

图 5-1　业扩报装全流程管控指标体系

表 5-1　　　　　　　　　　　业扩报装全流程总体指标

指标名称	指标描述	数据来源	统计口径	时限要求	计算规则	责任部门
全流程平均时长	业扩报装全流程时长是指从业务受理开始，到完成送电的总工作日。反映各单位业扩报装工作整体工作效率以及全过程服务情况	营销业务应用系统	业扩报装开始时间取【业务受理】环节的开始时间，结束时间取最后一次【送（停）电管理】环节的完成时间	无	全流程平均时长=统计周期内业扩报装全流程总时长/归档流程总数	营销部门
意向接电满足率	意向接电时间是指客户期望的送电时间。意向接电满足率是指实际送电时间不晚于意向接电时间的项目百分比，反映各单位满足客户接电需求的能力	营销业务应用系统	意向接电时间取最后一次更新的意向接电时间。实际接电时间取最后一次【送（停）电管理】环节的完成时间	实际接电日期小于等于意向接电日期	意向接电满足率=统计周期内实际接电日期小于等于意向接电日期数/归档流程总数	营销部门
超短流程个数及占比	超短流程是指全流程时长小于等于10个工作日的高压新装、装表临时用电流程，超短流程个数是指统计时间内，全流程时长小于等于10个工作日的流程总数。反映系统流程环节可能与实际存在不符的情况	营销业务应用系统	开始时间取【业务受理】开始时间，结束时间取最后一次【送（停）电管理】完成时间	无	超短流程个数=统计周期内全流程时长小于等于10个工作日归档流程总数；超短流程占比=统计周期内全流程时长小于等于10个工作日归档流程总数/同期归档流程总数	营销部门
异常终止流程个数及占比	异常终止流程是指业扩报装过程中因系统问题、客户问题以及实际工作困难等主观或客观原因终止流程的情形	营销业务应用系统	直接使用自定义查询统计	无	异常终止流程个数等于统计周期内因各类原因终止流程的总数；异常终止流程占比=统计周期内因各类原因终止流程的总数/同期归档流程总数	营销部门

二、营销环节总体指标

营销环节总体指标包括业扩报装服务时限达标率、答复供电方案时限达标率、答复供电方案平均时长、设计文件审核时限达标率、中间检查时限达标率、竣工验收时限达标率和装表接电时限达标率七个指标，见表5-2。

表 5-2　　　　　　　　　营 销 环 节 总 体 指 标

指标名称	指标描述	数据来源	统计口径	时限要求	计算规则	责任部门
业扩报装服务时限达标率	（1）业扩报装服务时限达标率是指供电方案答复、设计文件审核、中间检查、竣工检验、装表接电环节时限均满足国网时限要求的业扩报装流程数占总业扩报装流程数的百分比。反映各单位业扩报装各环节服务及时性	营销业务应用系统	直接使用自定义查询统计	10千伏：单电源14个工作日，多电源29个工作日。35千伏（110千伏）：单电源15个工作日，多电源30个工作日；设计文件审核、中间检查、竣工检验、装表接电环节均为5个工作日	供电方案答复、设计文件审核、中间检查、竣工检验、装表接电环节均满足国网时限要求的业扩报装流程数/归档流程总数	营销部门
答复供电方案时限达标率	答复供电方案时限达标率是指供电方案答复时限满足国网时限要求的业扩报装流程数占总业扩报装流程数的百分比。反映各单位供电方案答复及时性	营销业务应用系统	开始时间取【业务受理】环节的开始时间,结束时间取最后一次【答复供电方案】环节完成时间	10千伏：单电源14个工作日，多电源29个工作日。35千伏（110千伏）：单电源15个工作日，多电源30个工作日	答复供电方案时限达标率＝答复供电方案时限达标流程数/归档流程总数	营销部门
答复供电方案平均时长	答复供电方案时长是指业务受理到供电方案答复完成的总工作日。反映各单位供电方案答复效率	营销业务应用系统	开始时间取【业务受理】环节的开始时间,结束时间取最后一次【答复供电方案】环节完成时间	10千伏：单电源14个工作日，多电源29个工作日。35千伏（110千伏）：单电源15个工作日，多电源30个工作日	答复供电方案平均时长＝供电方案答复总时长/归档流程总数	营销部门
设计文件审核时限达标率	设计文件审核时限达标率是指设计文件审核时限满足国网时限要求的业扩报装流程数占总业扩报装流程数的百分比。反映各单位设计文件审核及时性	营销业务应用系统	开始时间取【设计文件受理】环节的开始时间,结束时间取【设计文件审核】环节完成时间,存在多次则取跨度最大的一次	5个工作日	设计文件审核时限达标率＝设计文件审核时限达标流程数/归档流程总数	营销部门

续表

指标名称	指标描述	数据来源	统计口径	时限要求	计算规则	责任部门
中间检查时限达标率	中间检查时限达标率是指中间检查时限满足国网时限要求的业扩报装流程数占总业扩报装流程数的百分比。反映各单位开展中间检查及时性	营销业务应用系统	开始时间取【中间检查受理】环节的开始时间，结束时间取【中间检查】环节完成时间。存在多次则取跨度最大的一次	5个工作日	中间检查时限达标率＝中间检查时限达标流程数/归档流程总数	营销部门
竣工验收时限达标率	竣工检验时限达标率是指竣工检验时限满足国网时限要求的业扩报装流程数占总业扩报装流程数的百分比。反映各单位竣工检验及时性	营销业务应用系统	开始时间取【竣工报验】环节的开始时间，结束时间取【竣工验收】环节完成时间。存在多次则取跨度最大的一次	5个工作日	竣工验收时限达标率＝竣工验收时限达标流程数/归档流程总数	营销部门
装表接电时限达标率	装表接电时限达标率是指装表接电时限满足国网时限要求的业扩报装流程数占总业扩报装流程数的百分比。反映各单位装表接电及时性	营销业务应用系统	开始时间取【竣工验收】【业务收费】【合同签订】【领表】【签订调度协议】【外部工程验收】六个环节的结束时间并取最大值，结束时间取最后一次【送（停）电管理】环节完成时间	5个工作日	装表接电时限达标率＝装表接电时限达标流程数/归档流程总数	营销部门

三、协同环节总体指标

协同环节总体指标包括协同应用率等15项指标，见表5-3。

表5-3　　　　　　　协同环节总体指标

指标名称	指标描述	数据来源	统计口径	时限要求	计算规则	责任部门
协同应用率	协同应用率是指高压业扩报装流程中，至少应用一次协同通知及会签（备案）功能的流程数占归档流程总数的百分比。反映各单位协同功能应用情况	营销业务应用系统	归档流程中实际应用协同功能的流程数；应用协同功能的归档流程总数	无	协同应用率＝归档流程实际应用协同功能的流程数/归档流程总数	营销部门

续表

指标名称	指标描述	数据来源	统计口径	时限要求	计算规则	责任部门
协同反馈及时率	协同反馈及时率是指协同通知及会签环节及时反馈的协同数占发起协同的环节总数的百分比。反映各单位/各部门业扩报装协同反馈的及时性	营销业务应用系统	开始时间取通知及会签的发起时间，结束时间取各部门的反馈时间	2个工作日	协同反馈及时率=协同应用时限达标数/归档流程实际协同应用总数	运检部门、发展部门、调度中心
供电方案编制时限达标率（35kV）	供电方案编制时限达标率是指确定供电方案时限满足国网时限要求的业扩报装流程数占总业扩报装流程数的百分比。反映各单位确定供电方案的及时性	营销业务应用系统	开始时间取【现场勘查】环节的完成时间，结束时间取第一次【供电方案会签】环节发起时间	单电源9个工作日，多电源24个工作日	供电方案编制时限达标率=供电方案编制时限达标流程数/归档流程总数	经研院（所）
确定供电方案时限达标率（110kV）	确定供电方案时限达标率是指发展部门开展客户接入系统评审及批复供电方案时限满足国网要求的业扩报装流程数占总业扩报装流程数的百分比。反映各单位确定110kV及以上客户供电方案的及时性	营销业务应用系统	开始时间取【客户提供接入系统方案】环节的开始时间，结束时间取最后一次【批复供电方案】环节完成时间	单电源11个工作日，多电源24个工作日	确定供电方案时限达标率=复批供电方案时限达标流程数/归档流程总数	发展部门
配套工程时限达标率	配套工程时限达标率是指配套工程时限达标流程数占有配套工程的业扩报装流程总数的百分比。反映各单位配套工程建设时限的及时性	营销业务应用系统	开始时间最后一次【答复供电方案】完成时间，结束时间取最后一次【外部工程验收】完成时间	10kV：60个工作日。35kV（110kV）：不得晚于用户工程【竣工验收】完成时间	配套工程时限达标率=配套工程时限达标流程数/归档流程中有配套工程的流程总数	运检部门
配套工程设计时限达标率（10kV）	配套工程设计时限达标率是指配套工程设计时限达标流程数占有配套工程的业扩报装流程总数的百分比。反映各单位配套工程设计的及时性	营销业务应用系统【新增模块功能】	开始时间最后一次【答复供电方案】完成时间，结束时间取最后一次【配套工程设计】完成时间	7个工作日	配套工程设计时限达标率=配套工程设计时限达标流程数/归档流程中有配套工程的流程总数	运检部门
配套工程物资配送时限达标率（10kV）	配套工程物资配送时限达标率是指配套工程物资配送时限达标流程数占有配套工程的业扩报装流程总数的百分比。反映各单位配套工程物资配送的及时性	营销业务应用系统【新增模块功能】	开始时间最后一次【配套工程设计】完成时间，结束时间取最后一次【配套工程物资配送】完成时间	30个工作日	配套工程物资配送时限达标率=配套工程物资配送时限达标流程数/归档流程中有配套工程的流程总数	物资部门

续表

指标名称	指标描述	数据来源	统计口径	时限要求	计算规则	责任部门
配套工程施工验收时限达标率（10kV）	配套工程设计施工验收达标率是指配套工程设计时限达标流程数占有配套工程的业扩报装流程总数的百分比。反映各单位配套工程施工整改的及时性	营销业务应用系统【新增模块功能】	开始时间最后一次【配套工程物资配送】完成时间，结束时间取最后一次【配套工程施工及验收】完成时间	23个工作日	配套工程施工验收时限达标率＝配套工程施工验收时限达标流程数/归档流程中有配套工程的流程总数	运检部门
送（停）电计划流程应用率（10kV）	送（停）电计划流程应用率是指高压新装、装表临时用电业扩报装流程中，营销部门发起业扩报装送（停）电计划报送功能的流程数占总归档业扩报装流程数的百分比。反映各单位送（停）电计划报送功能应用情况	营销业务应用系统【完善模块功能】	发起【送（停）电计划报送】功能的业扩报装流程数；归档高压新装、装表临时用电业扩报装流程总数	无	送（停）电计划流程应用率＝发起【送（停）电计划报送】功能的业扩报装流程数/归档高压新装、装表临时用电业扩报装流程总数	营销部门
送（停）电计划反馈及时率（10kV）	送（停）电计划反馈及时率是指运检部门反馈送（停）电计划时限达标数占营销部门发起的送（停）电计划报送的流程总数。反映各单位运检部门送（停）电计划反馈的及时性	营销业务应用系统【完善模块功能】	开始时间取【送（停）电计划报送】的完成时间，结束时间取【送（停）电计划反馈】的完成时间	5个工作日	送（停）电计划反馈及时率＝送（停）电计划反馈时限达标流程数/送（停）电计划报送流程总数	运检部门
送（停）电计划安排到位率（10kV）	送（停）电计划安排到位率是指运检部门安排送（停）电计划的用户数占营销部门报送的送（停）电计划的用户总数。反映各单位满足用户接电需求的安排情况	营销业务应用系统【完善模块功能】	【送（停）电计划反馈】中【是否安排送电】选项中选"是"的用户数;【送（停）电计划反馈】中用户总数	无	送（停）电计划安排到位率＝【送（停）电计划反馈】中给予安排的用户数/【送（停）电计划反馈】中用户总数	运检部门
10kV架空线路带电化作业率（10kV）	10kV架空线路带电化作业率是指运检部门安排的带电化作业接电的用户数占10kV架空线路接电的用户总数的百分比。反映各单位10kV架空线路带电化作业实施情况	营销业务应用系统【完善模块功能】	【送（停）电计划反馈】中【是否带电作业】选项中选"是"的用户数;【送（停）电计划反馈】中架空线路接电的用户总数	无	10kV架空线路带电化作业率＝【送（停）电计划反馈】中带电作业用户数/【送（停）电计划反馈】中架空线路用户总数	运检部门

续表

指标名称	指标描述	数据来源	统计口径	时限要求	计算规则	责任部门
负面清单个数、负面清单占比	负面清单为运检部门每季度公布的受限级别为预警及以上的线路清单，负面清单占比为负面清单数量占公用线路总数量的百分比。反映各单位电网接纳用户用电需求的能力	营销业务应用系统【新增功能模块】	运检部门每季度公布的负面清单，营销业务应用系统公用线路总数	无	负面清单个数＝被运检部门定义为负面清单的设备总数；负面清单占比＝线路负面清单个数／公用线路总数	运检部门
业扩报装接入受限个数	业扩报装接入受限个数指用户办理用电申请后，现场供电条件无法满足用户用电需求的业扩报装流程数量。反映各单位影响用户用电接入的情况	营销业务应用系统	现场勘查环节【是否受限】选择"是"的业扩报装流程	无	业扩报装接入受限个数＝实际现场客户需求接入受到限制并且现场勘查环节【是否受限】选择"是"的业扩报装流程总数	运检部门
负面清单整改及时率	负面清单整改及时率为业扩报装接入受限的业扩报装项目，电网建设改造时限达标的项目占总业扩报装接入受限的业扩报装项目的百分比。反映各单位电网接纳用户用电需求的能力	营销业务应用系统【新增功能模块】	电网建设改造时限达标的业扩报装流程数；现场勘查环节【是否受限】选择"是"的业扩报装流程总数	低压：10 个工作日；10kV：120 个工作日	负面清单整改及时率＝电网建设改造时限达标的业扩报装流程数／业扩报装接入受限的业扩报装流程总数	运检部门

四、客户环节总体指标

客户环节总体指标包括客户工程设计平均时长、集体企业设计平均时长、客户工程施工平均时长、集体企业施工平均时长四项指标，见表 5－4。

表 5－4　　　　　　　　客户环节总体指标

指标名称	指标描述	数据来源	统计口径	时限要求	计算规则	责任部门
客户工程设计平均时长	客户工程设计时长是指供电方案答复至用户工程设计文件完成的总工作日	营销业务应用系统【新增模块功能】	特殊及重要用户，开始时间取最后一次【答复供电方案】环节的完成时间，结束时间取最后一次【设计文件受理】环节的完成时间。普通用户，开始时间取最后一次【答复供电方案】环节的完成时间，结束时间取工程设计完成时间	无	客户工程设计平均时长＝客户工程设计总时长／归档流程总数	营销部门

续表

指标名称	指标描述	数据来源	统计口径	时限要求	计算规则	责任部门
集体企业设计平均时长	集体企业设计时长是指由集体企业设计的业扩装流程，从供电方案答复至用户工程设计文件完成的总工作日。反映集体企业设计效率	营销业务应用系统【新增模块功能】	特殊及重要用户，开始时间取最后一次【答复供电方案】环节的完成时间，结束时间取最后一次【设计文件受理】环节的完成时间。普通用户，开始时间取最后一次【答复供电方案】环节的完成时间，结束时间取工程设计完成时间；集体企业设计的业扩报装流程数	无	集体企业设计平均时长＝集体企业设计的总时长/集体企业设计的业扩报装流程数	集体企业
客户工程施工平均时长	客户工程施工时长是指设计文件审核完成至用户工程竣工报验的总工作日	营销业务应用系统	特殊及重要用户，开始时间取最后一次【设计文件审核】环节的完成时间，结束时间取最后一次【竣工报验】环节的完成时间。普通用户，开始时间取客户工程设计完成时间，结束时间取最后一次【竣工报验】环节的完成时间	无	客户工程施工平均时长＝客户工程施工总时长/归档流程总数	营销部门
集体企业施工平均时长	集体企业施工时长是指由集体企业施工的业扩报装流程，从设计文件审核完成至用户工程竣工报验的总工作日。反映集体企业施工效率	营销业务应用系统【新增模块功能】	特殊及重要用户，开始时间取最后一次【设计文件审核】环节的完成时间，结束时间取最后一次【竣工报验】环节的完成时间。普通用户，开始时间取客户工程设计完成时间，结束时间取最后一次【竣工报验】环节的完成时间；集体企业施工的业扩报装流程数	无	集体企业施工平均时长＝集体企业施工的总时长/集体企业施工的业扩报装流程数	集体企业

第二节　业扩报装全流程第三方监测工作内容

为进一步强化内部协同管理，推进信息公开透明，切实落实业扩报装全流程协同机制，提高办电效率和服务质量，2015 年，浙江公司积极贯彻落实总部印发关于业扩报装提质提速的 70 号和 1029 号文件精神，发挥运营监测（控）中心第三方监控的职能定位，开展业扩报装全流程监测工作。

运营监测（控）中心全程参与业扩报装相关业务研讨及变更设计，省市运营监测（控）中心人员先后多次参加《浙江省电力公司业扩报装专业协同工作质量评价方案》、《浙江省电力公司新建住宅小区供配电设施配套工程管理规范》等制度标准研究及编制；从省、市两个层级开展业务设计和主题评审，提出了包含数据支撑、监测价值、指标设置等 3 个方面的 10 条建议。运营监测（控）中心与发展、运检、建设、物资、经法和调控中心等多个部门进行深入沟通，出台《国网浙江省电力公司业扩报装全流程监测方案（试行）》，从总体规模、流程效率、业务规范和服务质量等 4 个维度构建了《业扩报装全流程监测指标体系》，设置了涵盖 5 个部门、10 余个岗位的 43 项指标，全方位评价各相关单位（部门）业扩报装工作的效率和质量。结合监测内容确定线上线下数据获取方案。选取试点单位，商讨确认百余项省、市两级监测数据需求。全面掌握业扩报装数据支撑情况，分层次分等级选定监测内容，全面验证设计的合理性、有效性和可行性，确保监测价值最大化。

第三节　业扩报装全流程第三方监测机制

一、各级运营监测（控）中心工作职责及工作方式

（一）各级运营监测（控）中心工作职责

1. 省公司运监中心主要职责

（1）负责制定公司全面监测工作任务和目标，确立全面监测业务内容和整体框架。

（2）负责建立健全全面监测业务工作机制，明确制度要求，实现全面监测业务的标准化管理。

（3）负责确定公司个性化监测指标、监测场景、监测指标阈值与预（告）警规则。

（4）负责组织开展公司实时在线监测，并根据公司重点工作需求开展专题监测工作。

（5）负责确定运营监测业务的数据需求，对相关业务部门和单位提供的数据进行质量监测和评价。

（6）配合相关业务部门提出的监测需求，提供监测支持服务。

（7）对地市公司的异动进行汇总监测，对重要指标的异动进行持续监测，对地市公司监测场景进行按需调阅。

（8）按照总部运监中心要求，配合开展重要指标异动的持续监测及监测场景的按需调阅工作。

（9）按照总部运监中心要求，向总部运监中心开放本单位运营监测（控）系统查询权限。对重大异动即时向总部汇报并跟踪反馈异动处理情况。

（10）负责地市运监中心全面监测工作的业务指导和评价。负责组织所属单位定期开展业务交流、评估和优化，不断提升全面监测业务能力。对所属单位全面监测工作进行定期检查和不定期抽查，及时掌握本单位全面监测业务的开展情况，并进行分析、评价与通报。

2. 地市运监中心主要职责

（1）参照公司运监中心职责，在本单位范围内开展全面监测工作。

（2）按照公司运监中心要求，配合开展重要指标异动的持续监测及监测场景的按需调阅工作。

（3）负责对业务源头性数据质量进行验证、核查、评价。

（4）对重大异动即时向公司运监中心汇报并跟踪反馈异动处理情况。

（5）负责县公司全面监测工作的业务指导和评价。负责组织所属单位定期开展业务交流、评估和优化，不断提升全面监测业务能力。对所属单位全面监测工作进行定期检查和不定期抽查，及时掌握本单位全面监测业务的开展情况，并进行分析、评价与通报。

3. 县公司运营监测（控）工作组主要职责

（1）参照地市运监中心职责，在本单位范围内开展全面监测工作。

（2）按照地市运监中心要求，配合开展重要指标异动的持续监测及监测场景的按需调阅工作。

（3）负责对业务源头性数据质量进行验证、核查、评价。

（4）对重大异动即时向地市运监中心汇报并跟踪反馈异动处理情况。

（二）运营监测（控）中心监测工作方式

（1）信息采集：收集与公司运营监测相关的基础信息数据，并对信息数据的及时性、完整性、规范性、准确性进行在线监测分析。

（2）阈值预警：根据各监测指标预先设定的预（告）警阈值，当指标数据越限时进行异动预（告）警。

（3）关联监测：根据业务管理关系和指标体系定义，组合多个指标形成关联分析模型，通过对指标的多维度透视分析，对比发现指标间的关联异动。

（4）比对监测：对指标自身进行同比、环比、占比、趋势、对标等不同形式的分析比对。

（5）穿透查询：对监测过程中发现的指标异动，根据指标定义进行业务穿透查询，获取形成该指标的详细业务数据。

二、定期评价

根据高压业扩报装全过程管控平台事后评价看板，统计不同专业指标的变化趋势及异动。事后评价看板界面如图 5-2 所示，其以问题为导向，以专业协同效率提升为目标，以数据挖掘为手段，依托业扩报装全流程事后评价指标体

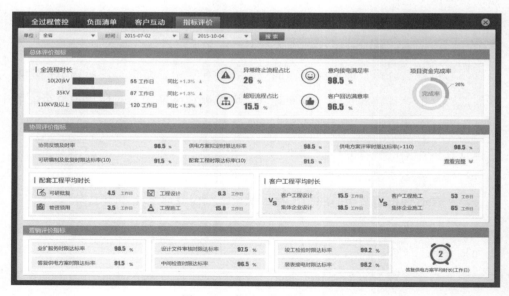

图 5-2　事后评价看板界面

系，对专业协同配合情况的变化趋势开展研判预测，对跨专业、跨部门弱项指标开展穿透分析。运营监测（控）中心以第三方视角，根据监测结果编制并发布业扩报装协同专题监测报告，对各基层单位（专业部门）的业务开展情况进行评价；针对弱项指标，会同相关专业部门开展穿透分析，从管理层、执行层角度分析问题，提出辅助决策建议。

三、问题闭环

省（市）公司充分发挥运营监测（控）中心跨专业、跨部门、跨层级的第三方监督作用，建立省、地两级业扩报装提质提速工作协调例会制度，各部门对通报的问题进行分析并提出整改措施，由运营监测（控）中心对问题整改情况进行持续跟踪。通过例会和例报制度分析并通报专业协同管理问题，借助问题管理机制对管理短板建议进行整改，定期对已发生并整改的管理短板、执行问题开展回头看，汇总分析各类问题，编制专题分析报告，会同营销部门滚动修订评价标准及指标体系，各专业部门开展成果应用，进一步完善管理，建立长效机制。运营监测（控）中心对监测报告中通报的问题及整改的情况形成考核建议提供给营销部，由营销部提出考核意见给人资部门，并最终纳入公司绩效考核。借助问题协调管理机制对监测发现的问题形成闭环，提升基层单位（专业部门）管理水平。各部门间问题闭环管理流程如图5-3所示。

四、信息共享

依托营配调贯通成果，实现报装信息、地理信息、电网资源、停送电计划等信息共享；依托全流程管控平台，实现环节处理预警等信息共享。各级运营监测（控）中心制定信息公开监督方案，负责对信息发布情况进行监督，监督各环节对内共享信息的及时性、完整性和对外公开信息的准确性，形成跨专业、跨部门的信息协同。

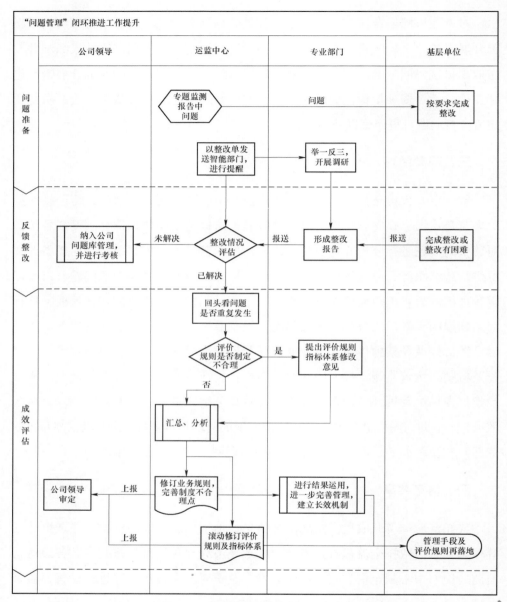

图 5-3　部门间问题闭环管理流程图

第六章 业扩报装全流程管控典型案例

本章通过几个业扩报装全流程管控典型案例，介绍业扩报装全流程管控系统在日常业扩报装流程问题穿透分析过程中的应用。

案例一 施工队伍业务不精

A 市供电公司快速响应中心对下属 B 县供电公司的公安消防大队业扩报装新装项目进行了回访，客户表示对客户经理服务满意，但对施工队伍业务不精表示不满。对此，A 市供电公司运检中心结合业扩报装全流程管控平台，对各环节时间节点进行了调查分析，如表6-1所示。（选取理由：设计、施工均为公司集体企业）

表6-1 业扩报装全流程各环节时间节点分析表

申请编号	业务受理	供电方案答复	设计委托	施工委托（签订合同）	地建部分开工	电气部分开工	竣工报验	竣工检验	装表接电	全流程
/	20150720	20140723	20140729	20150826	20150928	20151104	20151216	20151216	20151216	
容量	供电方案答复	委托设计	工程设计	委托施工	土建施工	电气安装	初验及整改	验收	接电时长	85
1250kVA	4	4	6	14	25	30	0	1	1	

针对客户提及的业务不精问题开展穿透分析如下：

（1）合同签订后，未及时开工。

情况描述：8 月 26 日签订施工合同，直至 9 月 28 日才开始土建部分施工，时间间隔长达一个月。

原因分析：经核查，消防大队的业扩报装工程由 B 县待建中心负责牵头处理，与 B 县电力发展公司（简称发展公司）签订施工合同的主体也是待建中心。由于待建中心的工程款需要经过会计核算中心审核，核算中心不仅需要发展公司先开具发票，而且审批严格，通过后才能将工程款打到发展公司账户。8 月 26 日签订合同后，发展公司于 9 月初将发票提交给待建中心，但直至 11 月初，该笔工程款项才到账。由于工程款项迟迟不能到位，发展公司无法上报物资需求计划，影响了工程整体进度。其中土建部分在 9 月底开工已经是发展公司考虑到政府优质客户而做出的附加客户服务行为。

措施建议：发展公司应增强主动服务意识，在未收到客户工程款项期间，主动与客户对接沟通，告知客户催办打款进度，同时做好施工准备工作。

（2）土建部分耗时长，存在返工的情况。

情况描述：土建部分于 9 月 28 日开始施工，10 月 14 日建设完成后，验收不通过。重新选址后于 10 月 15 日施工，11 月 3 日完成第二次土建工作。

原因分析：对于欧式变电站（简称欧变）基础这类小型土建工程，合计 25 个工作日的施工期高于正常施工时间。经核实，其主要原因为第一次建设完成后验收未通过，导致工程返工。验收未通过是因为欧变基础离墙太近，欧变靠墙侧的开门空间不够。而导致这个错误发生的原因，一方面是设计人员在欧变位置图中没有标注或表述欧变基础离墙距离；另一方面是土建人员在施工过程中只关注土建质量，没有考虑到周围环境，机械地完成工作任务；同时施工过程中设计与施工人员也缺乏足够的沟通。

措施建议：① 进一步提升设计规范度，提质提速，由于普通用户缺少设计审图把关环节，对设计公司的图纸质量提出了更高的要求；② 加强设计、施工单位沟通，在审图环节取消后，由设计公司直接与施工单位衔接，施工单位在施工过程中遇到疑问应及时与设计人员联系，取得一致意见后再继续施工，避免不必要的返工。

案例二　业扩报装全流程过长

A 市实验学校业扩报装新装全流程过长，全流程时长达 365 个工作日，设计、施工、供货均由公司集体企业承担。为分析该超长流程具体原因，A市供电公司运检中心结合业扩报装全流程管控平台，对各环节时间节点进行了调查分析，如表6-2所示。

表6-2　　　　　　　　业扩报装全流程各环节时间节点分析表

申请编号	业务受理	方案答复	设计委托	设计报审	设计受理	设计审核	施工委托	中检受理	中间检查	施工报验	竣工报验	竣工检验	装表接电	全流程
/	20141110	20141127	?	20150123	20150128	20150130	20150817	20150427	20150427	20160330	20160422	20160426	20160426	全流程
各环节时间节点		业主拿施工图	施工现场踏勘	提出设计变更意见	设备型号确认	物资需求提报	设计变更出图	通知施工方取货	土建及保养完成	设备供应到场	开工报告	竣工报告	—	
	20150507	20150718		20150807			20150820	2015 10 10	20151105	20160201	20160216	20160305	—	
容量	供电方案答复	委托设计		工程设计	初审整改	设计审核	委托施工	设备供应	中检时长	电气安装	初验及整改	验收	接电时长	
200kVA	14	42		4	3	52	42	1	14	18	3	1		365
各环节耗时		出蓝图／编制概算／客户来拿		现场踏勘及设计变更需求提报			货型告知	设计变更	地建及保养	等停电计划设备进场		验收资料准备		
		65		52			24		56	63		18		

针对其中8段偏长的时间开展穿透分析如下：

（1）等待停电计划设备进场、初验收及整改时间偏长。经核查，此两段时间较长与该项目要停2次电有关。第一次设备进场需停电，10月10日到货后才开始做土建，11月土建保养完后报12月停电计划，但是安排的12月第二周周末正赶上学校有大型活动，遂继续报1月停电计划，结果安排1月的停送电日下大雪，天气寒冷，学校供暖量大无法停电，故安排在2月停电后将设备吊进场地；第二次是电气安装完成后接电计划报送，原计划在年后2月末安装完毕3月接电，故上报3月停电计划（未执行业扩报装项目接电计划按周滚动管理），与3月计划中某改造工程停同一线路，为避免重复停电，安排两个项目同时停（送）电，但时至4月份该改造工程仍未完工，客户催办再三后工程公司采取自备发电车方式完成该增容工程送电工作。

综上分析，主要原因：① 工程安排不够紧凑、灵活；② 对业扩报装接电计划的理解、落实不到位；③ 未做到以客户需求为导向。

（2）工程设计及概算编制、设计变更时间偏长。主要原因是：① 未提出业扩报装提速管控要求；② 设计人员不能提前获取供货商典型设备尺寸，无法根据现场实际条件确定基础及设备尺寸，无法回避设计变更；③ 设计人员休假，未及时开展设计变更。

（3）委托施工、现场踏勘及设计变更需求提报时间偏长。主要原因是：① 该项目考虑在市政工程中列支费用，期间用户处理变更工程名称事宜耽搁了时间；② 谈合同细节耽搁了时间，该项目最后签订合同时间为 2016 年 4 月。

（4）土建及保养时间偏长。原因是：① 该用户施工地址不够宽敞，且有 10kV 线路通过，不能使用机器施工，挖洞、做基础均采用人力作业导致耗时较长；② 考虑到变压器进场需停该 10kV 线路，且该学校客户工作日不能停电，情况比较麻烦，相关施工班组疏于节点管控，导致项目耽搁时间。

（5）验收资料准备时间偏长。原因是分包为考虑人工成本问题，对竣工后竣工资料的收集不够积极、收资规范性较差。

措施建议：① 设计公司内部建立从委托设计到概算编制完成、包括设计变更的限时约束机制，提高业扩报装工程设计整体效率；② 针对此类"交钥匙"工程，集团公司需进一步强化服务意识，通过完善设计、施工、供货三方信息共享机制，提高工程设计一次通过率及设计变更效率；③ 开展工程施工节点管控，避免工程失管现象发生；④ 开展分包队伍收资规范性培训，提供当前最新的竣工资料清单及模版；⑤ 建立分包队伍的奖惩机制，加强对分包队伍的激励与约束。

案例三　业扩报装流程部分环节过长

A 市供电公司在对某月归档业扩报装工程抽取进行全流程分析时，发现 C 县兴业经济发展有限公司业扩报装流程存在部分环节过长现象，其中受电工程土建供货时间异常较为明显。因此，A 市供电公司运检中心结合业扩报装全流程管控平台，对各环节时间节点进行了调查分析，如表 6-3 所示。

表6-3　　　　　　　　业扩报装全流程各环节时间节点分析表

申请编号	业务受理	供电方案答复	设计委托	设计报审	设计受理	设计审核	施工委托	中检受理	中间检查	施工报验	竣工报验	竣工检验	装表接电	全流程
/	2015 0505	2015 0519	2015 0519	20150 707	20150 708	20150 709	20150 519	20160 225	20160 226	20160 330	20160 330	2016 0401	2016 0331	229
容量	供电方案答复	委托设计	工程设计	设计初审整改	设计审核	委托施工	土建供货	中检时长	电气安装	实验及整改	验收	接电时长		
50kVA	11	1	35	1	2	1	166	1	3	3	3	2		

针对其中3段偏长的时间开展穿透分析如下：

（1）供电方案答复时间偏长。

情况描述：业务受理后11个工作日完成方案答复，未超国网时限考核标准，但较业扩报装提速标准长。

原因分析：经回访客户获悉，受理该项目申请后，客户中心经现场查勘及与客户沟通拟定采用一台50kVA变压器供电。拟定供电方案后，客户临时变更用电需求，需将原申请户名改为其他，最后经与客户沟通解释，客户同意按原方案执行。客户未一次性告知用电需求导致供电方案答复时间偏长。

措施建议：客户经理在现场查勘时充分了解客户用电需求及以后的用电变化情况，及时与客户就答复方案达成一致，并告知客户供电方案的严肃性，一旦确定不得随意变更；相关部门通过联合查勘和供电方案会签及时为客户经理提出优化建议，确保供电方案的经济性和实用性。

（2）工程设计耗时长。

情况描述：5月19日客户办理了委托设计，7月7日设计完成并提交审核，客户中心接到客户提交的图纸后第二天就对该设计图纸进行了审核，并出具了审核意见，完成审图流程。

原因分析：经核实，工程设计时间较长的原因是：① 设计公司工程设计量大，设计专业工作人员配备不足；② 该工程按原设计方案审核通过，施工单位在按图施工中发现该施工区域内有煤气管道及涉及政策处理等原因，需变更设计方案，导致设计耗时长。

措施建议：① 设计公司应按实际工作量配备相应设计人员，以保证设计工程能按时出图；② 在设计业扩报装工程中难免会发生因方案变更而需变更设计的问题，针对该问题设计公司应制定相应的业扩报装工程跟踪机制，从而提高设计质量和效率。

（3）土建及负面清单整改耗时长。

情况描述：土建开工时间为 2015 年 7 月 16 日，工程公司土建完成时间为 2016 年 2 月 25 日。

原因分析：经核实，该工程按原设计方案审核通过，施工单位 2015 年 7 月 16 日开工，在按图施工中发现该施工区域内有煤气管道及涉及政策处理等原因，工程无法进一步实施。施工单位经与客户沟通，由客户提出需变更电源接入点方案。客户中心接到申请后到现场再次进行查勘，经查勘该客户周边除了原方案中接入点线路，还剩下另一条 10kV 公用线，经与运检部门了解该线路运行时间长状态差，运检部门已将该线路纳入整改计划。最后客户中心查勘人员与客户及运检部门沟通，达成一致。将原方案中电源接入点改到该新线路上接入。客户表示只要在 16 年 4 月中旬能通电即可，因此造成土建耗时长。

措施建议：① 设计单位及施工单位在现场进行测量查勘时要充分了解客户周边的施工环境及施工难点，工程中涉及的施工难点要及时与客户沟通，确保工程进度跟踪紧密，衔接紧凑有序；② 运检部门严格按照接入受限项目 6 个月的整改时限要求及时完成整改。

案 例 四　送 电 时 间 过 长

A 市供电公司在对归档业扩报装工程进行客户回访时，发现某针织有限公司客户表安装工程已完工但久未送电，表示不满意。因此，A 市供电公司运检中心结合业扩报装全流程管控平台，对各环节时间节点进行了调查分析，如表 6-4 所示。

表 6-4　　　　　　　　业扩报装全流程各环节时间节点分析表

申请编号	业务受理	供电方案答复	设计委托	施工委托（签订合同）	设备到货	电气部分开工	完工时间	竣工报验	竣工检验	装表接电
/	20150707	20150708	20151215	20151119	20160128	20150201	20160221	20160226	20160228	20160228
容量	供电方案答复	委托设计	工程设计	委托施工	设备采购	进场准备	电气安装时间	报验准备	验收	装表送电
1800kVA	2	159	2	-27	70	3	20	6	2	1

（1）供电方案答复后，委托设计时间较长。

情况描述：2015 年 7 月 8 日答复供电方案后，客户与 2015 年 12 月 15 日才委托工程设计，时间长达 5 个月。

原因分析：据了解，该增容工程为客户二期工程，客户收到供电方案后，集团公司客户经理已与客户对接，协商工程事宜。① 由于需与总部人员协商，时间耽搁较长；② 由于该客户工程在一期的时候已将二期图纸设计完毕，直接签订了施工合同，后经查阅图纸发现容量与设计不符，又重新开展设计，导致委托设计时间在委托施工时间之后。

（2）设备采购耗时长。

情况描述：2015 年 11 月 19 日签订施工合同后，2016 年 1 月 28 日设备到货，设备采购时间长达 70 天。

原因分析：据了解，主要原因是：① 由于该工程设备由用户自行采购，工程公司仅负责电气设备安装，客户采购时间偏长；② 设备到货后，发现缺少电流互感器，后客户委托工程公司采购互感器并进行校验，花费较长时间。

（3）报验准备时间长（客户主要不满意点）。

情况描述：经核实，客户工程已在 2 月 21 日完工，工程完工后，客户未收到任何关于接电手续等方面的提醒，没有人对接客户接电需求。客户 2 月 24 日打电话咨询集团公司客户经理，询问是否可以在 28 日之前给予接电，客户经理答复客户需要提前一周报停（送）电计划，时间上可能来不及。

原因分析：① 客户经理项目跟踪不到位，大客户经理和集团公司客户经理未对工程项目进度开展跟踪服务，未及时了解工程进度和客户接电需求；② 客户经理一次告知不到位，未告知客户停（送）电管理的相关要求，客户对相关管理要求不清晰；③ 施工班组服务意识不强，项目完工后，也未了解客户接电需求和接电前的相关准备工作；④ 工程公司和集团公司信息传递不到位，竣工报验、接电需求报送等衔接过程脱节。